Erfolg beginnt im Kopf

Die Geheimnisse des NLP

Heiko Alexander

So nutzen Sie dieses Buch

Die folgenden Elemente erleichtern Ihnen die Orientierung im Buch:

Beispiele und Übungen

Hier finden Sie erläuternde Beispiele und hilfreiche Übungen zur NLP-Technik.

Definitionen

Hier werden Begriffe kurz und prägnant erläutert.

! Die Merkkästen enthalten Empfehlungen und hilfreiche Tipps.

Auf den Punkt gebracht

Am Ende jedes Kapitels finden Sie eine kurze Zusammenfassung des behandelten Themas.

Inhalt

Vorwort

Erfolg beginnt im Kopf – vielleicht kennen Sie diesen Satz. Doch wer weiß, wie man unangenehme Gedanken, Verhaltensweisen und Gefühle so verändert, dass sie in die gewünschte Richtung zeigen? Dieses Buch lehrt Sie auf sehr effektive Weise, emotionale und kommunikative Prozesse optimal zu beeinflussen, um die gewünschten Resultate zu erzielen.

Ich sage: „Wenn Sie in Zukunft größere Erfolge wollen, geht es darum, gezielt Veränderungen vorzunehmen, um diese Erfolge auch zu verwirklichen." Machen Sie den ersten Schritt ins Abenteuer Veränderung und Sie werden schnell merken, was mit einigen einfachen, aber hocheffektiven Methoden möglich ist.

Sind Sie bereit für Ihren Erfolg?

In diesem Ratgeber werden Sie lernen, wie Sie Ihr Unterbewusstsein auf Erfolg programmieren – egal ob es um berufliche oder persönliche Ziele geht. Denn es ist nicht entscheidend, ob Sie Ihre Karriere ankurbeln, eine neue Liebe finden oder Ihre Gesundheit auf Vordermann bringen wollen. Entscheidend ist, welche Einstellung Sie auf bewusster und vor allem auf unbewusster Ebene haben. Welche Gedanken sausen Ihnen durch den Kopf, wenn Sie an Ihre kühnsten Träume denken? Lähmen oder bekräftigen sie Ihren Tatendrang?

Warum es gut ist, sich klar zu machen, welche Wünsche und Ziele man hat und warum, erfahren Sie im Kapitel „Wie Sie herausfinden, was Sie wirklich wollen".

Sind Sie gewillt, auch etwas dafür zu tun?

Auf den folgenden Seiten erfahren Sie vieles, was Sie auf der Erfolgsspur weiterbringt. Dass Sie etwas dafür tun, liegt dabei in Ihrer Hand. Doch selbst wenn Sie dieses Buch nur zur Inspiration verwenden sollten, werden Sie schon vieles lernen, was Sie auf Ihrem Weg gebrauchen können. Wie Sie sich selbst auch bei einem Durchhänger gut motivieren können, erfahren Sie im Abschnitt „Emotionen steuern, Blockaden überwinden".

Davon können Sie ausgehen

Sie bekommen jetzt auf knapp 120 Seiten komprimiertes Wissen zu NLP und Sie erfahren, was Sie damit tun können, um genau die Ergebnisse zu erzielen, die Sie möchten. Es wird dabei um die Steuerung von Gefühlen, das Verändern von Glaubenssätzen, Führungsstärke und vieles mehr gehen. Emotionale Intelligenz und soziale Kompetenz sind neben fachlichem Know-how die tragenden Säulen für ein ausgefülltes Leben. Schon in Kürze werden Sie wissen, was der Satz „Erfolg beginnt im Kopf" für Sie bedeutet. Lesen Sie los und viel Erfolg damit!

Heiko Alexander

NLP – was ist das?

Neuro-Linguistisches Programmieren

Neuro: *Sinnesspezifische Wahrnehmung*

Linguistisch: *Sprachliche und nicht sprachliche Kommunikation*

Programmieren: *Veränderung von Verhaltensmustern*

Neuro

„Neuro“ steht dafür, dass wir unsere Umwelt über unser Nervensystem wahrnehmen (Neuro = Nerv). Diesen Text hier nehmen wir über unsere Augen wahr, ein sehr dichtes Geflecht von Nerven, die den optischen Impuls in unserem Gehirn weiterleiten. Dort werden die Impulse weiterverarbeitet, sodass wir nicht nur die Buchstaben erkennen und sie zu Wörtern zusammenfügen, sondern zugleich darüber nachdenken können, worum es eigentlich geht. Der Einfachheit halber können wir „Neuro“ daher mit Wahrnehmung gleichsetzen.

Beim NLP-Training lernen wir nun, diese Wahrnehmung zu verändern, um Dinge zu erkennen, die wir bisher nicht beachtet haben, und diese neue Sicht positiv zu nutzen.

Linguistisch

Nach einem Filterprozess werden Erfahrungen von uns in sprachlicher (verbaler) und nicht sprachlicher (nonverbaler)

Form organisiert und bewertet, anschließend gespeichert, damit die Erfahrungen wieder erinnert werden können.

Gleichzeitig haben wir mit der Sprache ein umfangreiches System zur Verfügung, mit dem wir anderen Menschen unsere Erfahrungen und Meinungen mitteilen können. Genauso können wir mittels Sprache über Dinge nachdenken und neue Schlüsse daraus ziehen.

Bei der Kommunikation mit anderen oder beim Nachdenken bedienen wir uns dabei nicht nur des rein verbalen Aspekts, sondern auch des nonverbalen. Dazu gehören Tonlage, Gesichtsausdruck, Körpersprache und Emotionen. Haben Sie gewusst, dass der nonverbale Anteil unserer Kommunikation um ein Vielfaches höher ist als der verbale? Wie hoch schätzen Sie den Anteil? Im Kapitel „Wie Sie erkennen, ob die Aussagen anderer stimmig sind" erfahren Sie die Auflösung.

Programmieren

Jeder von uns besitzt eine große Anzahl von Verhaltens-, Denk- und emotionalen Programmen. Ein Programm ist ein Muster, das immer wieder automatisch und oftmals unbewusst abläuft. Neigen Sie dazu, Ihr Konto regelmäßig zu überziehen, ist das ein Verhaltensprogramm. Überlegen Sie bei einem Problem lösungs- und handlungsorientiert, ist das ein konstruktives Denkprogramm. Neigen Sie dazu, auf Herausforderungen mit Nervosität oder Gereiztheit zu reagieren, wäre das ein veränderungswürdiges emotionales Programm.

Mithilfe unserer neurolinguistischen Prozesse programmieren wir uns selbst. Das bedeutet, dass wir nicht Opfer der Umstände, sondern die Gestalter unseres eigenen Lebens sind. Ob wir aus einem Misserfolg schlussfolgern, ein Verlierer zu sein, oder ihn als Lernerfahrung definieren, macht einen großen Unterschied für unsere Selbstwahrnehmung. In unserer Umwelt können wir nicht alles selbst gestalten, aber sehr wohl lernen, die Resultate zielführender zu betrachten.

So kommen Sie mit NLP voran

Vielleicht kennen Sie das: Viele Vorsätze sind oft nur von recht kurzer Dauer. Für manch eine/n scheinen die guten Vorsätze wie Silvesterraketen zu sein: Mit viel Dynamik geht es los, es gibt eine berauschende Explosion am Firmament und schon ist nichts mehr übrig. Was ist geschehen? Die guten Vorsätze scheitern häufig daran, dass sie nicht wirklich ernst gemeint sind. Wenn doch, gehen sie manchmal im Alltag verloren oder die Ziele sind zu hoch gesteckt.

Kommen Sie also wieder auf den Boden der Tatsachen zurück und nutzen Sie einige entscheidende Tipps, wie Sie Ihre Ziele erreichen:

- Am wichtigsten ist es, sich nicht zu übernehmen, sondern nach der Devise „weniger ist mehr" zu handeln. Sie werden sehen, dass die Motivation viel länger anhält, wenn Sie Erfolge verbuchen können. Also lieber weniger mit realistischeren Zeitvorgaben einplanen.

Wenn es gut läuft, können Sie Ihre Vorsätze später immer wieder mal ausbauen.

- Ebenfalls von großer Bedeutung: Ist Ihnen Ihr Vorsatz persönlich wirklich wichtig oder ist es ein Wunsch, den andere an Sie haben? Sollten Sie so einen als „Vorsatz" getarnten Wunsch nicht einhalten, ist das das Beste, was Sie tun können.
- Als Drittes empfehle ich Ihnen, sich Gleichgesinnten anzuschließen. Gemeinsam macht es mehr Spaß. Sie motivieren sich gegenseitig, tauschen sich aus und unterstützen sich. Im Team kommen Sie garantiert schneller ans Ziel. Und es macht außerdem tierisch viel Spaß!
- NLP wird Ihnen dabei helfen, Klarheit, Flexibilität und Selbstvertrauen zur Zielerreichung aufzubauen.

Für Nonverbales aufmerksam werden

„Wie man in den Wald hineinruft, so schallt es zurück." Jeder kennt dieses altbekannte Sprichwort. An diesem Satz ist sicherlich sehr viel Wahres dran. Doch kennen Sie auch die Situation, dass Sie etwas hineinrufen, und zwar in eine Gruppe von Menschen, und es schallt völlig unterschiedlich zurück? Einige pflichten Ihnen bei und andere lehnen Ihre Aussage kategorisch ab. Nach obigem Sprichwort sind Sie nun für alle Reaktionen gleichermaßen verantwortlich. Im Prinzip stimmt das. Denn hätten Sie den Mund gehalten, hätte es zwar keine Beipflichtung, aber eben auch keine Ablehnung gegeben. Doch wären Sie damit Ihrem Ziel näher gekommen? Wohl kaum. Wie können Sie also mit diesem Dilemma umgehen? Nun, zunächst können wir ein weiteres Sprichwort entgegenhalten: „Es recht zu machen jedermann, ist eine Kunst, die keiner kann." Und auch hier ist viel Wahres dran.

Die Wahrheit scheint also irgendwo in der Mitte zu liegen. Die meisten Reaktionen beziehen sich tatsächlich unmittelbar auf Ihr Auftreten und ein anderer Teil hat damit zu tun, wie der Kritiker gerade denkt, fühlt oder ob er Sie leiden kann.

Die beste Möglichkeit, Fettnäpfchen zu vermeiden, ist eine geschulte Wahrnehmung. Einige Leute sind leider so „blind" und „taub", dass sie selbst die auffälligsten nonverbalen Signale beim Gegenüber nicht wahrnehmen können. Wie schade um die mühsam antrainierte Rhetorik …

> Öffnen Sie Ihre Ohren, öffnen Sie Ihre Augen, schalten Sie Ihren Gefühlsradar ein. Lernen Sie, sensibel für die Mimik, Gestik und Stimme Ihrer Gesprächspartner zu werden.

!

Wenn Sie dann noch gelernt haben, wie diese Signale zu deuten sind, werden Sie merken, dass es immer öfter so zurückschallt, wie Sie es beim Hineinrufen gewollt haben.

Ihre Kommunikation wird deutlich besser werden und Sie als Gesprächspartner beliebter: wesentliche Voraussetzungen für persönlichen und beruflichen Erfolg.

Sollten Sie in einem seltenen Fall dann doch einmal von einer Reaktion überrascht werden, wissen Sie ja: „Ausnahmen bestätigen die Regel."

Mit diesen ersten Tipps und Hinweisen möchte ich Sie auf den Weg schicken und wünsche Ihnen viel Freude mit dem, was Sie auf diesem Weg entdecken.

Auf den Punkt gebracht

NLP hat zum Ziel, die eigenen Programme zu entschlüsseln und so zu verändern, wie es besser für uns ist. Reale Situationen oder mentale Bedrohungen wie Ängste oder kontraproduktives Denken werden durch NLP erkannt und lösungsorientiert verändert. Außerdem ist NLP ein erstklassiges Kommunikationsinstrument und Führungswerkzeug. Im modernen Coaching hat sich NLP eine herausragende Position erarbeitet.

Emotionen steuern – Blockaden überwinden

Wer kennt sie nicht – diese unangenehmen Situationen, denen man am liebsten aus dem Weg gehen würde. Präsentationen im Job, Beziehungsdiskussionen, Kundenakquisition, Umtauschaktionen, Konfliktgespräche oder manchmal auch Familienfeiern. Gerade bei wichtigen Dingen stellt sich lange vor dem Termin häufig ein mulmiges Gefühl ein.

Ist die Gedankenkette erst einmal losgetreten, reiht sich eins ans andere. Dann versucht man, seine Gedanken zu bekämpfen und, weil meist erfolglos, verstrickt sich noch mehr in seinen negativen Empfindungen. Frustration über sich selbst, Aggression gegen andere und Kraftlosigkeit am Ende der Empfindungskette sind die stärksten Ausprägungsformen dieser Spirale.

Kräfte sammeln und gezielt agieren

Doch Sie ahnen es schon: Das muss nicht so sein! Es gibt eine Reihe von Möglichkeiten, mit solchen Situationen umzugehen. Am besten ist es, schon im Vorfeld zu beginnen, um zum Zeitpunkt des Ereignisses erst gar nicht in eine Extremlage zu kommen.

Sie lernen gleich, wie Sie steuern, in welche Richtung sich Ihre Emotionen bewegen. So lernen Sie zielorientiertes Selbstmanagement, um Denkblockaden zu lösen und Ihre Gefühle zu steuern.

Übrigens: Wie bei so vielem tun Sie gut daran, diese Methoden nicht nur einmal, sondern mehrmals auszuprobieren und mit etwas Übung zu verfestigen. Dann steigen Ihre Chancen erheblich, erfolgreich zu sein.

Blockaden überwinden

- *Sorgen Sie dafür, dass Sie eine Weile ungestört sind.*
- *Legen Sie drei Blätter als Dreieck in zwei Metern Abstand vor sich auf den Boden (siehe Skizze).*

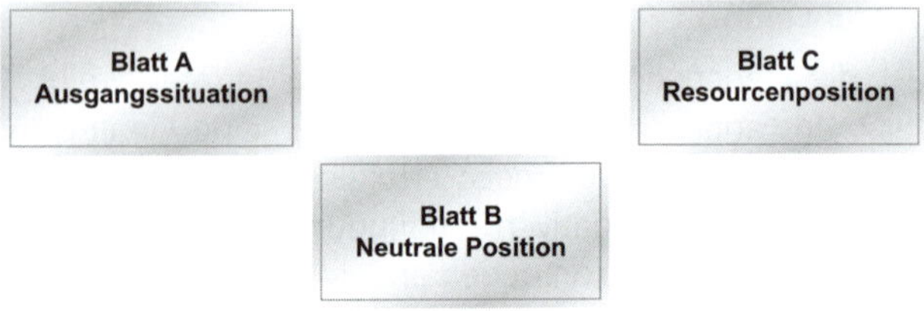

- *Stellen Sie sich für ca. 20 Sekunden auf Blatt A, das für die kritische Situation steht, und stellen Sie sich vor, jetzt in der Situation zu sein.*
- *Was haben Sie heute gefrühstückt? Lenken Sie sich kurz ab, um wieder aus den Gefühlen von Blatt A zu kommen.*
- *Jetzt stellen Sie sich auf Blatt B und betrachten von außen wie eine unbeteiligte Person die Situation von Blatt A. Überlegen Sie, welche Fähigkeiten in der Situation benötigt werden, z. B. Ruhe, Gelassenheit, Kraft, Vertrauen etc.*
- *Jetzt überlegen Sie, aus welchen Situationen Sie diese Fähigkeiten kennen. Wichtig: Diese sogenannten Ressourcesituationen brauchen nichts mit dem Ereignis von*

Blatt A zu tun haben: Skifahren, saunieren oder ein Kollegengespräch wären zum Beispiel hier denkbar.

- *Jetzt stellen Sie sich auf Blatt C und schlüpfen in die Ressourcesituation hinein. So, als ob sie jetzt wäre. Ganz intensiv, sodass Sie alle positiven Gefühle wieder spüren.*
- *Wenn Sie möglichst intensiv im Gefühl sind, legen Sie Ihre Hände auf den Bauch, sodass Sie die Wärme spüren können.*
- *Nach etwa einer Minute verlassen Sie Blatt C.*
- *Wiederholen Sie den Vorgang mit Blatt C so oft, wie sie wollen, mit den unterschiedlichsten Ressourcen.*
- *Gehen Sie nun mit all den aktivierten Ressourcen und Ihren Händen auf dem Bauch von Blatt C auf Blatt A. Erleben Sie, wie sich die Situation nun auf veränderte Art darstellt und Sie viel besser damit zurechtkommen.*
- *Sollten Sie mit dem Ergebnis noch nicht zufrieden sein, wiederholen Sie diese NLP-Methode noch einige Male.*

Wenn Sie mit dieser Methode vertraut geworden sind, können Sie auch eine Kurzform nutzen, die Sie rein mental durchführen. Das ist von Vorteil, wenn Sie in einer Umgebung sind, in der Sie nicht räumlich arbeiten können.

Kurzform

Schauen Sie in Ihre linke Hand, während Sie an die Ausgangssituation denken und spüren Sie, was Ihnen an Ressourcen fehlt.

- *Lenken Sie sich kurz ab, um aus dem Gefühl herauszukommen.*
- *Definieren Sie die gewünschten Ressourcen.*

- *Erinnern Sie sich intensiv an die erste Ressourcesituation, schauen Sie dabei in Ihre rechte Hand und atmen Sie tief ein. Wenn Sie möchten, können Sie die Faust ballen, wenn das gute Gefühl ganz intensiv ist.*
- *Wiederholen Sie den Vorgang mit beliebig vielen Ressourcesituationen.*
- *Dann sehen Sie wieder auf Ihre rechte Hand und spüren, wie sich die Ausgangssituation jetzt für Sie verändert hat.*

Mit dieser Methode übertragen Sie Ressourcen, die Ihnen in manchen Situationen leicht verfügbar sind, in solche, in denen das bisher nicht so war.

Das funktioniert, weil unser Gehirn schnell lernt und flexibel ist. Gleichzeitig stattfindende Ereignisse werden automatisch miteinander verbunden. Denn unser Gehirn arbeitet assoziativ. Das bedeutet, dass alles mit allem verknüpft werden kann.

Freundlicher Kollege

Bekommen Sie von einem Kollegen eine kleine Aufmerksamkeit, ist die Freude groß und wird mit dem Kollegen verknüpft. Sehen Sie den Kollegen das nächste Mal wieder, werden Sie automatisch wieder an die Freude erinnert, die Sie wegen des kleinen Geschenks empfanden. Ihr Gehirn hat den Kollegen jetzt mit dem guten Gefühl assoziiert. Das funktioniert so lange, bis andere Ereignisse neue Assoziationen verursachen.

Deshalb verschenken Firmen Weihnachtsgeschenke und veranstalten Events. Sie wollen positive Assoziationen beim Kunden auslösen.

Den Assoziationseffekt können Sie gezielt nutzen. Sie aktivieren auf Basis vorhandener positiver Situationen Ihre Ressourcen und übertragen diese in die neue Situation, bis Ihr Gehirn neue Assoziationen aufgebaut hat.

Der Fachbegriff lautet „Reiz-Reaktions-Kopplung". Dazu werden Sie später noch mehr erfahren.

Auf den Punkt gebracht

Unser Gehirn hat eine ganz großartige Fähigkeit, nämlich die zu assoziieren. Vereinfacht lässt sich sagen, dass bei allem, was wir sehen, hören, riechen, schmecken oder erleben, in uns ein Gefühl entsteht.

Dieses assoziierten Gefühle lassen sich fast beliebig übertragen. Deshalb können wir sie in Ereignisse transferieren, in denen sie uns bisher nicht zur Verfügung standen.

Unangenehmes aus den Gedanken verbannen

Manche Menschen scheinen wirklich eine beneidenswerte Macht über uns zu haben: Sie verderben uns die Laune, obwohl sie gar nicht anwesend sind. Da sitzt man im Flugzeug, möchte sich eigentlich auf den Urlaub freuen – und stattdessen beschäftigt man sich so intensiv mit der Schwiegermutter, dem Nachbarn, dem Chef, dem Schwiegervater oder ehemaligen besten Freund, als säße er neben einem und hätte einem eben ein Glas Tomatensaft ins Gesicht geschüttet. Dabei ist der Platz neben einem leer oder ein lieber Mensch sitzt dort. Wie also ist das möglich, dass Menschen, die gar nicht anwesend sind, mehr Aufmerksamkeit in Anspruch nehmen als beispielsweise die Vorfreude auf den Urlaub? Vielleicht kennen Sie jemanden, der oder die eine solche Macht über Sie zu haben scheint.

Doch auch das muss nicht sein. Deshalb hier einige wunderbare Mentaltechniken, um sich geistig frei zu machen. Da jeder von uns unterschiedlich gestrickt ist, habe ich Ihnen eine Auswahl zusammengestellt. Denn das ist eine meiner NLP-Hypothesen: Flexibilität ist wunderbar!

1. Denkmuster verändern

- *Betrachten Sie das Bild von der Person oder dem Ereignis, das Ihnen durch den Kopf geht.*
- *Machen Sie sich die Eigenschaften des Bildes bewusst. Wo sehen Sie das Bild, wie groß es ist, wie scharf, hell und farbig?*
- *Verändern Sie nun diese Eigenschaften. Lassen Sie das Bild klein, unscharf, blässer werden und betrachten Sie es aus weiter Entfernung.*
- *Hängen Sie einen Anker an das Bild, sodass es an der neuen Position mit den neuen Eigenschaften bleibt.*
- *Wiederholen Sie den Vorgang bei Bedarf mehrmals.*

Diese Technik funktioniert bei den meisten Menschen gut. Die Wirkung lässt sich noch verstärken, indem man eventuell das Bild der Person vor dem geistigen Auge nach links oder rechts, nach oben oder unten verschiebt oder andere Details verändert. Die einzelnen Eigenschaften wirken bei jedem Menschen ein wenig anders. Aber sie wirken!

2. Kopfstand

- *Betrachten Sie das negative Bild vor Ihrem geistigen Auge.*
- *Stellen Sie nun das Bild in angenehmer Entfernung auf den Kopf und denken Sie dabei an eine unterhaltsame Musik. Sollte dabei einiges zu Boden fallen, ist das kein Problem.*
- *Sollte es sich um eine Person handeln, können Sie ihr auch einen Tomatensaft ins Gesicht schütten oder ein Ei auf dem Kopf aufschlagen.*
- *Wenn Sie amüsiert genug sind, positionieren Sie das neue Bild so weit von sich weg, wie es Ihnen angenehm ist.*

Wenn Flexibilität auf Kreativität trifft, ist alles möglich. Genauso ist es auch mit unseren inneren Prozessen. Wie wir denken, wird meinst unbewusst gesteuert. Heute lernen Sie, bewusst zu entscheiden, wie Sie über die Ereignisse nachdenken. Denn es sind nicht die Dinge an sich, die uns beunruhigen, sondern die Art, wie wir darüber nachdenken.

3. Müllcontainer

- *Betrachten Sie das Bild von der Person oder dem Ereignis, das Ihnen durch den Kopf geht.*
- *Stellen Sie sich neben diesem Bild einen Müllcontainer vor. Der Müllcontainer darf hässlich oder elegant sein.*
- *Werfen Sie das Bild mit den Worten „und tschüss“ hinein.*
- *Wischen Sie die Hände ab und überlegen Sie, was Sie heute noch Schönes unternehmen könnten.*

Der Müllcontainer ist eine kurze und schmerzlos Methode und gut geeignet, wenn man mit der Sache schon etwas abgeschlossen hat und es nur noch darum geht, die Gedanken neu zu sortieren.

„Submodalitäten" sind gut geeignet, um die Wirkung von Erinnerungen auf Gefühle zu verändern. Nicht nur im visuellen Bereich, sondern auch im auditiven oder körperlichen Bereich lassen sich solche Submodalitäten verändern.

> **!** Die wahrnehmbaren Eigenschaften in unseren Sinnessystemen werden „Submodalitäten" genannt. Alles, was wir in uns erleben, entspricht auch den in der Außenwelt erkennbaren Sinneseindrücken. Beim Erinnern ist das genauso.

Aus dem letzten Kapitel wissen wir, dass unser Gehirn assoziiert und durch Reiz-Reaktions-Kopplungen Gefühle zuordnet. Das Gehirn scheint die Submodalitäten zu benutzen, um diese Zuordnungen durchzuführen. Verändern wir die Submodalitäten, entstehen andere Gefühle zur gleichen Sache.

Es ist also möglich, ohne inhaltliche Veränderung eine neue Emotion aufzubauen. Da es manchmal aber viel mehr Spaß macht, auch inhaltlich etwas zu verändern haben wir mit der Kopfstand- und Müllcontainer-Technik doppelte Optionen. Wir wissen ja inzwischen, wie das mit der Flexibilität und Kreativität ist!

Submodalitätentabelle

Visuell	**Auditiv**
Position	Lautstärke
Größe	Ort des Klangs
Bild oder Film	Höhen und Tiefen
Assoziiert/Dissoziiert	Rhythmus
Farben	Tempo
Schärfe	Flüstern
Entfernung	Verzerrungen
Körperlich (kinästhetisch)	**Geruch/Geschmack**
Druck	Intensität
Position	Süß/sauer
Temperatur	Bitter
Bewegung	
Intensität	

Unsicherheiten und Ängste erfolgreich meistern

Es kommt vor, dass wir uns umfassend, sorgfältig und gewissenhaft vorbereiten, und sind doch unsicher, ob wir letztlich erfolgreich sein werden. Dies gilt besonders für Prüfungssituationen – doch auch für Präsentationen, Auftritte vor anderen und manchmal sogar für ein klärendes Gespräch in einer Beziehung. Selbst wenn wir alle Unwägbarkeiten bedacht haben und kaum annehmen müssen, dass wir Grund zur Sorge haben sollten, gibt es immer wieder Momente, in denen wir uns wünschen, das Ereignis würde verschoben werden oder ausfallen – beziehungsweise: Wir hätten es schon hinter uns.

Um solche Situationen zu meistern, haben wir eine tolle Methode aus dem NLP-Bereich: „Ankern". Mit einem Anker können wir gezielt Ressourcen aktivieren. Das bedeutet, dass wir vor Beginn der kritischen Situation unseren Anker auslösen und damit in einen Top-Zustand kommen. Ich nehme an, jeder kann sich vorstellen, wie nützlich das ist.

Anker-Technik: „Moment of Excellence"

- *Definieren Sie, welche Ressourcen Sie verfügbar haben möchten.*
- *Erinnern Sie sich an eine Situation, in der Sie sich gemäß der definierten Ressourcen ganz besonders gut gefühlt haben. Verbinden Sie sich ganz mit dieser Situation. Was haben Sie erlebt? Was haben Sie gesehen? Was haben Sie gehört? Was haben Sie gedacht? Was haben Sie gerochen oder geschmeckt?*
- *Ist das Gefühl ganz stark in Ihnen ausgeprägt, ankern Sie es durch eine Bewegung oder Geste. Das kann eine bestimmte Kopf- oder Schulterbewegung, eine geballte Faust oder Körperberührung sein.*
- *Wiederholen Sie den Vorgang nach Belieben.*
- *Testen Sie den Moment-of-Excellence-Anker, indem Sie an eine leicht negative Situation denken und dann den Anker auslösen.*
- *Fühlt sich die getestete Situation gut an, ist der Anker prima installiert. Andernfalls bitte mit weiteren Ankerdurchgängen intensiver verankern.*

Ein Oldie im Radio als Reiz löst als Reaktion das Gefühl von früher aus. Die Erinnerungen an einen Kuss oder ein gutes Essen bewirken das Gleiche. Jeder von uns verfügt über unzählig viele Anker. Sie wurden nur nie gezielt installiert, sondern sind nach dem Zufallsprinzip entstanden.

Wenn die Stimme eines ungeliebten Kunden erklingt und wir automatisch gereizt reagieren, ist das keine zielführende Reaktion. Besser wäre es, automatisch gefasst zu bleiben, um den Kunden gut zu bedienen. So würde sich auch der Kunde wohler fühlen und es wäre für beide Seiten konstruktiver.

Das Ankern basiert auf der Arbeit des Verhaltensforschers Ivan Pawlow. Die „pawlowschen Hunde" sind durch ihn berühmt geworden. Pawlow fütterte Hunde über eine längere Zeit immer beim Ertönen einer Glocke. Irgendwann reagierten sie nur beim Ertönen der Glocke mit Speichelfluss und Produktion von Verdauungssäften im Magen. Die Hunde waren somit auf den Klang der Glocke „konditioniert".

Pawlow nennt das einen „bedingten Reflex", der angelernt ist und einen bestimmten Reiz erfordert. Daneben gibt es unbedingte Reflexe, z. B. den Lidschlag, die angeboren sind und keinen bestimmten Reiz erfordern. Für die Arbeit über den bedingten Reflex erhielt Pawlow 1904 den Nobelpreis für Medizin.

Richard Bandler und John Grinder, die Begründer des NLP, haben diese Arbeit weiterentwickelt und hieraus die Techniken des Ankerns abgeleitet. Dabei haben sie erkannt, dass unser Gehirn wie eine Art „Koinzidenzdetektor" arbeitet, also bedeutsame Dinge, die zeitlich und räumlich nah beieinander liegen, automatisch miteinander verbindet.

Mit fortgeschrittenen Ankertechniken können wir solche Verhaltensmuster auflösen und neue, zweckmäßigere definieren. So entsteht wieder ein Stück mehr Wahlmöglichkeit, um flexibler zu reagieren.

Auf den Punkt gebracht

Anker sind Reiz-Reaktions-Kopplungen. Ein bestimmter Reiz führt zu einer Reaktion. Der Reiz des Ankers führt zur Reaktion des guten Gefühls. Anker kommen in jedem Sinnessystem vor.

Dieses Prinzip nutzen wir im NLP aktiv, um Verknüpfungen herzustellen, die uns weiterbringen. Der evolutionäre Sinn liegt im schnellen Lernen, um Gefahren blitzschnell zu erkennen und die richtige Reaktion darauf abrufen zu können.

Stress hat keine Chance mehr

Stress ist in den letzten Jahrzehnten zu einer Hauptursache für viele Krankheiten geworden. Im Gegensatz zu einem Virus fangen wir uns Stress nicht auf der Straße ein. Er entsteht ausschließlich in unserem Kopf! Mangelnde mentale Fitness, schlechte Gewohnheiten und Sorgen sind seine Nährböden. Kommen noch Schwierigkeiten im Umgang mit den Mitmenschen hinzu, kann der Stress sich wunderbar ausbreiten.

Wer das erkennt, beginnt, zuerst an sich zu arbeiten.

Dr. Hannes Lindemann berichtete schon 1991 in seinem Buch „Autogenes Training. Der bewährte Weg zur Entspannung" von folgender Untersuchung in den USA:

„Curtis M. Hames, leitender Arzt der Gesundheitsbehörde des Evans-Districts im US-Staat Georgia untersuchte mit seiner Behörde im Verlauf von 10 Jahren mehr als 3000 Personen. In mühseliger Kleinarbeit wurden in dem Landbezirk alle Menschen über 40 sowie die Hälfte der 15- bis 39-Jährigen nach ihren Lebensgewohnheiten, nach Einkommen, Speisezettel und Krankengeschichte befragt. In regelmäßigen Abständen untersuchte man Blut, Urin, Gewebe, kontrollierte Blutdruck, Blutzusammensetzung sowie Herzfunktion. Selbst die Todesursachen wurden autopisch gesichert. Die Ergebnisse waren eindeutig:

Wenn der Lebensstandard niedrig ist, wenn die Versuchspersonen darüber hinaus noch schlank sind, nicht rauchen und körperlich arbeiten, sind sie praktisch immun gegen den Herztod, selbst wenn man bei ihnen infarktfördernde Risikofaktoren wie hohen Blutdruck, fettreiche Nahrung und erhöhten Cholesterinspiegel nachweisen kann.

Angehörige der oberen Einkommensklassen dagegen können ihren Tag mit Gymnastik und Orangensaft beginnen, mageres Steak in Färberdistelöl zubereiten und auch sonst noch alles tun, was man als herzfreundliche Lebensweise bezeichnet – sie bleiben herzinfarktgefährdeter als die armen Leute. Die Erklärung heißt Stress!"

Ein Grund für das emsige Treiben unserer Gesellschaft ist die mangelnde Klarheit darüber, was für den Einzelnen wirklich wichtig ist. Aus einer hypnotherapeutischen Perspektive könnten wir sagen, dass ein Großteil der Gesellschaft sein

Leben in Trance verbringt, anstatt eine selbstbestimmte Persönlichkeit auszubilden. Das eigene Treiben wird an kulturellen und medialen Vorgaben ausgerichtet und nicht an den eigenen Bedürfnissen. Das beste Beispiel ist der Workaholic, der geradezu wahnhaft versucht, Anerkennung zu bekommen oder materiellen Erfolg zu erzielen. Obwohl im Prinzip jeder weiß, dass materieller Wohlstand nicht glücklicher macht, arbeiten sich dennoch viele krankenhausreif.

Weil Glück ein Gefühl in Ihrem Herzen ist und nicht von außen kommt, gilt es also, die eigenen Erfolgsstrategien zu überdenken.

Wie erkennen Sie, ob es für Sie Zeit ist, etwas zu verändern? Ganz einfach: Überlegen Sie, ob Sie häufig gehetzt oder im Stress sind. Leiden Sie unter Zeitdruck und haben Sie Probleme, nachts zur Ruhe zu kommen? Dann sollten Sie etwas verändern. Ihre Lebensuhr tickt und durch seelische Anspannungen wird die Lebenszeit erheblich verkürzt.

Die Kraft der Ruhe

- *Nehmen Sie auf einer Sitzgelegenheit Platz.*
- *Lassen Sie vor Ihrem inneren Auge ein entspannendes Bild entstehen. Es kann ein Bild der Fantasie oder eine wundervolle Erinnerung sein.*
- *Lassen Sie in Ihrer Vorstellung alle Details wieder lebendig werden. Was sehen, hören und fühlen Sie? Gibt es einen speziellen Geruch oder Geschmack auf der Zunge?*
- *Je tiefer Sie in dieses Bild eintauchen, desto entspannter atmen Sie durch.*
- *Jetzt atmen Sie bitte ganz bewusst einige Male tief ein und aus. Ahhhhh ...*

Psychische Hygiene ist durch nichts zu ersetzen. Körper und Geist bilden eine Einheit, weil sie durch den Stoffwechsel, Körperspannung und Emotionen miteinander in Verbindung stehen. Das vegetative Nervensystem reguliert Körperfunktionen wie Blutdruck, Körperspannung, Atmung, Puls, Herzschlag, Verdauung und Stoffwechsel. Aber auch Sexualorgane, Blutgefäße und Immunsystem werden beeinflusst.

Im entspannten Zustand werden unsere Gehirnwellen verlangsamt. Der Körper beginnt sich dadurch ebenfalls zu entspannen. Das wirkt sich positiv auf das vegetative Nervensystem aus. Wir sind dadurch stressresistenter und gesünder. Der Körper regeneriert und wir sammeln neue Kräfte.

Die Kunst der Ruhe ist aktive Gesundheitsvorsorge, unterstützende Heilquelle und Grundlage für dauerhafte Leistungsfähigkeit. Es lohnt sich, sich damit zu beschäftigen. !

Technik: Hypnotische Entspannung

- *Setzen oder legen Sie sich entspannt hin, achten Sie auf Ihre Atmung.*
- *Fixieren Sie jetzt einen bestimmten Punkt im Raum und halten die Augen konstant darauf, ohne zu blinzeln.*
- *Erst wenn die Augen so schwer geworden sind, dass Sie sie nicht mehr offenhalten können, ohne zu blinzeln, lassen Sie die Augen zufallen und fixieren vor Ihrem inneren Auge weiter diesen Punkt. Bei diesem Prozess werden Sie ganz automatisch in einen Zustand tiefer Entspannung kommen.*

- *Genießen Sie diese Erfahrung und aktivieren Sie durch eine verstärkte Atmung wieder Ihre Kräfte, um aus der Entspannung herauszukommen.*

Diese Methode funktioniert sehr gut und wird von uns manchmal unbewusst angewandt. Erinnern Sie sich, wie Sie schon einmal gedankenverloren in den Raum gestarrt und dabei konstant einen Punkt fixiert haben? Genau dieser meist unbewusste Reflex wird genutzt, um ihn hier gezielt einzusetzen.

Kombi-Technik

- *Beginnen Sie mit der hypnotischen Entspannung.*
- *Sind Sie tief eingetaucht, installieren Sie einen Anker, ähnlich dem Moment of Excellence. Sie können sich zum Beispiel ums Handgelenk greifen und mehrmals leicht drücken, während Sie tief entspannt sind.*
- *Testen Sie nach der hypnotischen Entspannung, ob der Anker funktioniert.*

Auf den Punkt gebracht

Stress entsteht in uns, er ist eine körperliche Reaktion auf überwiegend psychische Vorgänge. Lernen Sie Ihre psychischen Vorgänge zu steuern und Stück für Stück mehr Ruhe in sich einkehren zu lassen, betreiben Sie aktive Gesundheitsvorsorge. Ihre geistige Leistungsfähigkeit profitiert ebenfalls beträchtlich davon.

Veränderungen spielend meistern

Viele Menschen stehen Veränderungen skeptisch gegenüber und manche bewundern diejenigen Zeitgenossen, die scheinbar problemlos auch gravierende Veränderungen in ihrem Leben meistern. „Lebenskünstler" werden sie zuweilen genannt, weil sie sich mit veränderten Umständen immer wieder gut zurechtfinden können und nicht kleben bleiben an Gewohntem und Vertrautem. Es ist für jeden Menschen möglich, sich zu verändern – beruflich und privat, ob in Liebesdingen oder Immobilienfragen – und meistens fällt es leichter, als man befürchtet ... wenn man einige Regeln beherzigt.

Kleine Veränderung

- *Verschränken Sie doch einfach einmal Ihre Arme.*
- *Welcher Arm liegt oben? Der linke oder der rechte?*
- *Bitte überkreuzen Sie nun die Arme anders herum, sodass der andere Arm oben liegt.*
- *Wahrscheinlich stellen Sie fest, dass sich das komisch anfühlt und gar nicht so einfach ist.*

Übrigens: Sie haben gerade eine Veränderung vorgenommen. Sie haben eine langjährige Angewohnheit auf den Kopf gestellt.

Ach so, Sie sagen womöglich, dass es mit der Veränderung der Arme nicht geklappt hat?

Also gut, verschränken Sie die Arme noch einmal.

- Ziehen Sie die Hand, die unter dem Oberarm liegt langsam heraus und legen Sie diese auf den Oberarm.

- Jetzt ziehen Sie den anderen Arm unten heraus und stecken die Hand unter den gegenüberliegenden Oberarm.

Jetzt hat es funktioniert, oder?

Das Geheimnis ist einfach. Es geht darum, eine Aufgabe in kleinere Schritte zu zerlegen.

Die meisten Scheitern nicht an ihren zu großen Zielen, sondern an der Unfähigkeit, die einzelnen Schritte so einzuteilen, dass sie machbar sind. Niemand käme auf die Idee, mit einem Schritt eine Straße zu überqueren. Dennoch verhalten sich viele genau so, wenn es um das Verändern der eigenen Einstellung geht.

So einfach das klingen mag. Trotz jahrelanger Berufserfahrung als Trainer und Coach ist dieser Punkt – das Zerlegen von Aufgaben in angemessene Einheiten – immer noch eine der Hauptaufgaben meiner Arbeit. Selbst bei Profis muss ich oftmals an diesem Punkt ansetzen.

Gehen Sie deshalb wie folgt vor:

Chunking – kleine Einheiten schaffen

- *Definieren Sie ein Ziel, das nicht so einfach zu sein scheint.*
- *Schreiben Sie die Zwischenschritte zum Ziel auf.*
- *Verkleinern Sie die Zwischenschritte zum Ziel. Weniger ist mehr, oder: Verdopple die Vorbereitung, halbiere die Durchführung.*
- *Setzen Sie Termine für die ersten Schritte.*
- *Beginnen Sie jetzt.*

Wie war das noch mit den Armen? Welcher Arm lag oben? Versuchen Sie es gleich noch einmal. Verändern Sie sich jetzt. Die Chancen stehen gerade gut für Sie!

Auf den Punkt gebracht

Jede Aufgabe kann von jedem gemeistert werden, wenn sie in Schritte zerlegt wird, die klein genug sind. Sprechen keine biologischen Gründe, wie zum Beispiel die körperliche Verfassung, dagegen und ist die Aufgabe nicht dem Größenwahn entsprungen, haben wir hervorragende Chancen, die Aufgabe zu bewältigen und unsere Ziele zu erreichen.

Die Stärke Ihrer Schwäche

Gehören Sie zu den beneidenswerten Menschen, die mit sich rundum zufrieden sind und nicht einmal eine klitzekleine Schwäche haben? Na, dann herzlichen Glückwunsch ... beziehungsweise: Könnte das vielleicht eine Schwäche sein, dass Sie nur Stärken haben? Spaß beiseite: Sollten Sie doch noch eine kleine oder größere Schwäche finden – worüber haben Sie sich bei sich selbst zuletzt geärgert? Was an Ihnen selbst oder Ihrem Verhalten stört Sie aktuell?

Schreiben Sie es auf:

1. ______________________________

2. ______________________________

3. ______________________________

Eine NLP-Hypothese besagt: Für jedes Verhalten gibt es einen Kontext, in dem es angemessen und sinnvoll ist. Das bedeutet, dass ein Verhalten nur innerhalb eines Kontexts eine relevante Bedeutung haben kann. In manchen Kontexten ist es nützlich und sinnvoll, in anderen nicht. Wir neigen aber zu Verallgemeinerungen und meinen dann, dass dieses Verhalten immer schlecht und fürchterlich sei. Dem ist aber nicht so!

Natürlich gibt es Grenzfälle. Angemessen und sinnvoll meint zunächst nur aus der Sicht des Akteurs. Das bedeutet nicht, dass es für alle anderen genauso positiv ist. Diese NLP-Vorannahme kann also nicht als „Ausrede" missbraucht werden.

Überlegen Sie nun, in welchen Situationen Ihr Verhalten genau richtig ist.

1. ____

2. ____

3. ____

Interessant, oder? Nun kommen wir zu einem weiteren Aspekt. Dem des „Sekundärgewinns". Dieser Begriff wird in der Psychologie verwendet, wenn es darum geht zu erklären, weshalb wir etwas tun, obwohl es anscheinend unvernünftig ist, zum Beispiel Rauchen, Trinken, Streiten oder uns überflüssig aufregen.

Auch hier wollen wir ein wenig Licht ins Dunkel bringen. Ich habe noch keinen Menschen erlebt, bei dem kein Sekundärgewinn zu erkennen war. Und ich kann Ihnen versichern, dass ich im Laufe meiner Trainings und Coachings schon mit über tausend Personen gearbeitet habe.

Ich gebe Ihnen ein paar Beispiele:

Beispiele für Sekundärgewinn

Ein Jugendlicher klaut, obwohl er das eigentlich nicht will. Die Eltern sagen, dass er genug Geld bekommt und alles hat, was er braucht. Alle sind ratlos. Dann frage ich ihn, was würde denn passieren, wenn er nicht mehr stehlen würde?

Er druckst herum und antwortet, dass bei ihm in der Clique alle stehlen und dass das von ihm erwartet würde. Damit war der Sekundärgewinn klar. Er wollte seine Freunde nicht enttäuschen und hatte Angst, ausgegrenzt zu werden.

Nach demselben Prinzip funktioniert Folgendes: Jemand, der ständig bis zum Anschlag arbeitet, könnte um die Anerkennung seiner Vorgesetzten buhlen.

Ein Raucher schafft es nicht, mit dem Rauchen aufzuhören. Der Grund ist, dass in seinem Freundeskreis alle rauchen und er weiter „dazu gehören" möchte.

Was könnte für Sie also der Sekundärgewinn sein? Wofür ist Ihr Verhalten gut? Worauf möchten Sie auf keinen Fall verzichten?

1. ______________________________

2. ______________________________

3. ______________________________

Der Preis für einen Sekundärgewinn ist manchmal zu hoch. Doch kommt es auch vor, dass der Sekundärgewinn so großartig ist, dass nur ein Dummkopf bereit wäre, darauf zu verzichten. Eine Seminarteilnehmerin erzählte, dass Sie als selbstständige Buchführungsberaterin gegenüber Ihren

Topkunden zu nachgiebig sei und sich deshalb seit Jahren über sich selbst ärgere. Ich fragte Sie, was sie dadurch bisher Vorteilhaftes erreicht habe? Sie antwortete, dass Ihre Kunden Ihr blind vertrauen und Sie dadurch oftmals den doppelten Preis gegenüber Ihren Wettbewerbern erziele. „Und das willst du ändern?" fragte ich. „Wenn ich es mir recht überlege, besser nicht!" antwortete sie lachend. Der Sekundärgewinn „großes Vertrauen" und „hoher Preis" übersteigen deutlich das „Wehwehchen" Nachgiebigkeit in ihrem Beruf.

Gibt es bei Ihnen Ähnliches? In diesem Fall sollten Sie das Verhalten beibehalten und sich von nun an darüber freuen. Ist doch gar nicht so schwer, wenn man weiß, wie man tickt.

Mein Tipp:

Fragen Sie sich Folgendes:

- Was ist der Sekundärgewinn hinter meinem Verhalten/Problem?
- Kann ich auf den Sekundärgewinn verzichten?
- Gibt es einen Weg, mein Verhalten/Problem zu verändern und gleichzeitig den Sekundärgewinn aufrechtzuerhalten?
- Will ich mein Verhalten/Problem noch ändern, wenn ich den Sekundärgewinn kenne?
- Wie entscheide ich mich jetzt?

Auf den Punkt gebracht

Ein „Sekundärgewinn" beschreibt den positiven Nutzen hinter einem unangenehmen Verhalten. Er ist der Grund, weshalb manche Veränderungen nicht von Dauer sind. Er ist auch der Grund, weshalb manche Veränderung besser nicht stattfinden sollten.

Psychosomatische Erkrankungen, wie Burn-out, Verspannungen oder Magengeschwüre, haben meist auch einen Sekundärgewinn. Finden Sie ihn heraus und entwickeln Sie Alternativen, um Ihre Genesung zu beschleunigen.

Ziel- und Zukunftssicher

Wie Sie herausfinden, was Sie wirklich wollen

Manchmal möchte man etwas … und weiß nicht so genau … und irgendwie möchte man auch das andere … egal, ob es sich um die richtige Wahl beim Einkaufen, des Verkehrsmittels oder einer Wohnung handelt. Die mit der Dachterrasse oder lieber die in der Innenstadt? Die lautere oder lieber die größere? Und wann in den Urlaub und wohin? Oder doch lieber zu Hause bleiben und die Wohnung renovieren?

Solche kleinen und großen Entscheidungen können einem den Schlaf rauben – kaum hat man sich für eine Möglichkeit entschieden, tauchen Zweifel auf, man entscheidet sich für die andere Möglichkeit ... und so geht es hin und her und hin und her, nur nicht voran. Dabei wissen wir meistens genau, was wir wollen, auch wenn wir es nicht bewusst wissen. Unser Körper kennt die Antwort, beziehungsweise unser Unterbewusstsein. Es weiß ganz genau, was gut für uns ist.

Nachfolgend beschreibe ich zwei Techniken, sogenannte kinesiologische Tests, die Sie schnell und unkompliziert durchführen können, wenn Sie die Qual der Wahl haben. Diese Art Abkürzung funktioniert übrigens nicht nur bei Kleinigkeiten, sondern auch bei großen Entscheidungen.

- Welchen Teppich soll ich kaufen? Den hellen oder den pflegeleichten?
- Soll ich eine Geburtstagsparty veranstalten oder nicht?
- Soll ich mir ein neues Auto anschaffen oder das alte lieber noch mal durch den TÜV bringen?
- Soll ich den Job annehmen: ja oder nein?
- Ob ich diese Tabletten wirklich nehmen soll?

... Und wie lautet Ihre Frage? Nehmen Sie sich kurz Zeit, atmen Sie einige Male tief durch, um sich zu entspannen, und dann konzentrieren Sie sich auf die Situation, in der Sie zwischen zwei Entscheidungen stehen.

1. Abwägen

- *Halten Sie Ihre Hände wie zwei Schalen, in die Wasser fließen könnte, vor Ihren Körper und schließen Sie die Augen.*
- *Stellen Sie sich nun vor, dass Sie die eine Möglichkeit in eine Hand legen.*

- *Und dann legen Sie Ihre andere Option in die andere Hand.*
- *Bleiben Sie zwei, drei Atemzüge so. Ihr Unterbewusstsein wird dafür sorgen, dass die Hand, die symbolisch das trägt, was Ihren Wünschen mehr entspricht, schwerer wird.*
- *Und dann öffnen Sie die Augen.*
- *Welche Wahl wiegt schwerer? Welche Hand hat es nach unten gezogen?*

2. Anziehung

- *Stellen Sie sich locker und gerade hin, die Füße hüftbreit auseinander.*
- *Schließen Sie die Augen und konzentrieren Sie sich auf Ihr Thema.*
- *Stellen Sie eine geschlossene Frage laut oder leise – zum Beispiel: Ist es das Beste für mich, … möchte ich …, soll ich …? Wichtig ist, dass auf die Frage nur die Antwort ja oder nein gegeben werden kann.*
- *Die folgende Reaktion ist bei jedem Menschen gleich: Entweder Sie kippen nach vorne oder spüren eine Anziehung nach vorne, was bedeutet, es zieht Sie an = positiv. Oder Sie kippen nach hinten oder spüren eine Anziehung nach hinten, was bedeutet, es stößt Sie ab = negativ.*
- *Wenn Sie möchten, machen Sie eine Gegenprobe, indem Sie die Frage andersherum stellen, also: Ist es nicht so gut für mich, … möchte ich nicht … soll ich nicht …? Sind Sie zuerst nach vorne gekippt, müssten Sie bei der Gegenprobe nach hinten kippen.*
- *Sollten die Reaktionen gegenläufig sein, sind Sie wahrscheinlich noch nicht entscheidungsfähig.*

Sollten Sie diese Technik mit zwei Produkten durchführen, sagt das Ergebnis nichts über die Qualität der Produkte aus, sondern lediglich darüber, was im Moment für Sie persönlich anziehender wirkt. Dieses kleine Experiment sagt auch nichts darüber aus, wie die zukünftige Entwicklung sein wird. Sollten Sie beispielsweise zwischen zwei Jobangeboten entscheiden, werden Sie mit diesem Test keine Garantie bekommen, dass Sie bis zur Rente in einer der beiden Firmen glücklich sein werden. Aber Sie werden erfahren, wohin es Sie jetzt im Moment zieht. Und das ist doch schon einmal eine gute Voraussetzung für einen geglückten Start.

Achtung: Selbstverständlich kann auch unser Unterbewusstsein nur auf Basis der Informationen entscheiden, die es von uns bekommen hat. Das Sammeln von Fakten macht also durchaus Sinn. Missbrauchen Sie diese Methode daher nicht für pseudoesoterische Zwecke, um vermeintliche höhere Wahrheiten anzuzapfen.

Auf den Punkt gebracht

Reines Nachdenken hilft bei vielen Entscheidungen nur begrenzt, da wir mit der Fülle der Informationen überfordert sind oder immer wieder zweifeln. Da wir vor allem sprachlich nachdenken, können nie alle Informationen gleichzeitig im Fokus sein, sondern immer nur eine nach der anderen. Nutzen wir unser Unterbewusstsein, haben wir einen Partner, der problemlos viele Informationen in einem Moment abwägen kann. Allein um unseren Körper zu organisieren, sind schon enorm viele Prozesse parallel aktiv. Da sind unsere rationalen Fragestellungen geradezu ein Kinderspiel.

Eine Vorstellung von der Zukunft entwickeln

Timo möchte Astronaut werden, denn der Film, den er im Kino gesehen hat, hat ihm ganz ausgezeichnet gefallen. Lisa beschließt, Kosmetikerin zu werden, denn ihre Lieblingstante hat sogar ein eigenes Kosmetikstudio. Timo und Lisa sind sechs Jahre alt.

Drei Jahre später will Timo zur Polizei: Zwei Polizisten waren neulich in der Schule und sie trugen sogar Waffen. Lisa fand das auch toll und schwenkt um: Jetzt will sie auch Polizistin werden.

Bis die beiden ins Berufsleben eintreten, werden noch einige weitere Traumberufe kommen und gehen.

Doch was sehen Sie an Timo und Lisa? Nicht nur Kinder lassen sich in ihren Zukunftsvorstellungen leicht beeinflussen. Je nachdem, was gerade in Mode ist, wer uns besonders gut gefällt, oder was wir meinen, dass es uns gefallen könnte – danach stellen wir die Weichen in unserem Leben.

Deshalb sind so viele in ungeliebten Jobs und dümpeln auch außerhalb der Arbeit vor sich hin. Ihnen fehlt eine klare Vorstellung, was Ihnen wichtig ist. Dabei wäre es gar nicht so schwer, diese Klarheit zu entwickeln. Sie müssten eben nur wissen, worauf es ankommt.

Um auf Dauer mit dem eigenen Lebensentwurf glücklich zu sein, muss das, was wir tun, zu unseren Werten passen. Werte sind unsere tiefsten Überzeugungen und Triebfedern für unser Handeln. Leben wir in Disharmonie zu ihnen, stellt sich keine dauerhafte Zufriedenheit ein.

Kurzfristig sind wir glücklich, um dann wieder gelangweilt oder frustriert zu sein. Manche, die arg daneben liegen, trauern dem unerfüllten Glück ein Leben lang hinterher.

Werte schaffen Ziele

- *Schreiben Sie auf, was Ihnen wirklich wichtig im Leben ist. Das sind in der Regel keine materiellen Dinge, sondern Sicherheit, Geborgenheit, Vertrauen, Liebe, Macht, Nächstenliebe, sozialer Aufstieg, Familie, Kinder, Gesundheit, Glück, Freude, Lernen, Anerkennung usw.*
- *Notieren Sie, was davon und in welchem Umfang Sie davon schon etwas in Ihrem Leben haben. Wie zufrieden sind Sie damit?*
- *Wo oder wie können Sie die Defizite ausgleichen? Was wäre ein ganz anderer Weg als bisher?*
- *Überlegen Sie, was Sie tun können, um das, was Ihnen wirklich wichtig ist, zu erreichen. Schreiben Sie auch das auf.*
- *Beschäftigen Sie sich ausgiebig mit der neuen Zukunftsvorstellung und überdenken Sie Ihr bisheriges Leben.*
- *Nutzen Sie die Technik „Chunking – Kleine Einheiten schaffen“ aus dem Kapitel „Veränderungen spielend meistern“.*

Gehen Sie so vor, haben Sie eine gute Chance auf lang anhaltenden Erfolg. Ich hatte früher einen sehr gut bezahlten Bürojob als Abteilungsleiter. Der Haken war, dass er nicht zu meinen Werten Unabhängigkeit und Spaß passte.

Also habe ich mich selbstständig gemacht. In der Selbstständigkeit hatte ich die Unabhängigkeit verwirklicht. Nur der Spaß war nicht von Dauer, da ich nicht wusste, dass mir auch Kommunikation und Vertrauen sehr wertvoll sind. Also habe ich die Branche gewechselt. Als Trainer und Coach habe ich all meine Top-Werte vereint. In diesem Beruf bin ich als Leiter des Ausbildungsinstitutes Alexander-Training im Bereich Kommunikation und Persönlichkeitsentwicklung sehr erfolgreich und habe jede Menge Spaß.

Da ich ab einem bestimmten Alter konsequent meine Werte überprüft habe, habe ich mit 30 Jahren meinen Traumberuf erreicht. In anderen Lebensbereichen betrachte ich meine Werte genauso und handle danach. So ist sichergestellt, dass ich nicht eines Tages aufwache und denke: Verdammt noch mal, du hast dein Leben gegen die Wand gefahren.

Ach ja, da fällt mir noch ein Hinweis ein: Es ist nie zu spät für ein glückliches Leben!

In der heutigen globalisierten Welt stellen Wertekonflikte eine der großen Herausforderungen dar. Das westliche Wertemodell gegen das östliche. Das kapitalistische gegen das sozialistische System. Demokratie gegenüber Monarchie oder Zentralgewalt. Früher haben sich regionale Unterschiede nicht sonderlich auf den Einzelnen ausgewirkt. Durch die Globalisierung hat sich dies inzwischen geändert. Nicht nur neue Produkte, Lebensmittel oder Ferienziele kommen immer näher in unseren Alltag, sondern auch fremde Wertesysteme.

Doch auch bei uns prallen höchst unterschiedliche Systeme aufeinander. Die politische Orientierung oder die Frage, wie weit Toleranz gehen soll, führt zu erheblichen Meinungsverschiedenheiten. Das ist der Preis einer medialen und mehr oder weniger aufgeklärten Welt, in der Werte nicht mehr von einer Autorität, dem König, Kaiser, Fürsten oder Papst, vorgegeben und kritiklos übernommen werden, sondern jeder das Recht hat, sich sein eigenes System auszudenken und dafür zu demonstrieren.

Auf den Punkt gebracht

Glaubenssätze und Bewertungen bilden sich auf Basis unserer Werte. Was wir für gut oder schlecht halten, wofür oder wogegen wir uns entscheiden, hängt von unserer Wertestruktur ab. Auch beim Nachdenken über unser Verhalten in der Vergangenheit greifen wir auf unsere aktuellen Werte zurück. Wollen wir unser Verhalten verändern und stoßen dabei auf Werte, die zu unserem gewünschten Verhalten im Widerspruch stehen, werden wir nicht erfolgreich sein. Eine so erreichte Änderung ist nur von kurzer Dauer. Sobald jedoch unsere Werte unser Verhalten unterstützen, ist der Weg frei für den gewünschten Erfolg.

Keine Angst vor Kleinigkeiten

Nun hat man sich etwas vorgenommen und weiß noch nicht so recht, wie es werden wird. Auf dem Weg zum Ziel sind einige Hürden zu nehmen. So ergeht es uns allen.

Einer meiner Coaching-Klienten beschreibt mir das so:

Ich bin sehr gut darin, mir Ziele zu stecken und sie auch zu erreichen. Mein jüngstes Ziel ist, einen Segelfliegerschein zu machen. Regelmäßig bin ich mit meinem Ausbilder fliegen. Sowohl Theorie als auch Praxis fallen mir leicht. Doch immer wieder habe ich Angst vor Fehlern und mache mich dann verrückt. Das ist auch bei Projekten im Büro so. Und natürlich passieren auch Fehler. Doch nur wer arbeitet, kann auch etwas falsch machen. Das ist also Teil des Jobs und am langen Ende nicht von Bedeutung.

Mein Klient hat Recht. Wo gehobelt wird, da fallen Späne, nicht wahr? Wir neigen zu oft dazu, kleinen Dingen eine zu große Bedeutung zu geben. Dadurch werden sie künstlich aufgeblasen und erscheinen viel zu wichtig. Das sind sie aber nicht.

Damit Ihnen das in Zukunft nicht mehr passiert, rate ich Ihnen zu einer kleinen „Zeitreise".

Zeitmaschine

- *Setzen Sie sich bequem und entspannt hin, lehnen Sie sich zurück und bleiben Sie locker.*
- *Ihre Sitzgelegenheit verwandelt sich jetzt in eine Zeitmaschine. Sie sitzen jetzt in Ihrer Zeitmaschine.*
- *Reisen Sie in Ihrer Zeitmaschine in die Zukunft. 10, 20 oder 30 Jahre weit. Wie alt sind Sie jetzt?*
- *Schauen Sie von hier auf das Jahrzehnte zurückliegende Ereignis. Es wird Ihnen nun bewusst, wie unbedeutend es für Sie aus dieser Perspektive geworden ist. Sie können richtig darüber schmunzeln.*
- *Bleiben Sie so lange in der Zukunft, wie es angenehm ist.*

- *Reisen Sie nun mindestens zehn Jahre in Ihre Vergangenheit.*
- *Betrachten Sie von dort das bevorstehende Ereignis. Von hier dürfte es freudig erwartet oder auch als belanglos erachtet werden.*
- *Reisen Sie nun wieder in die Gegenwart. Betrachten Sie Ihr älteres Selbst aus der Zukunft und Ihr jüngeres aus der Vergangenheit und erkennen Sie, dass es von dort nicht so wichtig ist, was in der gegenwärtigen Situation geschieht.*
- *Machen Sie sich nun klar, dass Sie über Alternativen verfügen.*
- *Stellen Sie sich nun vor, wie Sie das Ereignis hundertprozentig optimal ausführen. Programmieren Sie Ihr Unterbewusstsein auf Erfolg. Erleben Sie sich mit Souveränität, Gelassenheit und Kraft in dieser Situation. Klopfen Sie auf Ihre Schultern. Gratulieren Sie sich. Sie haben es geschafft!*
- *Überlegen Sie sich eine wunderbare Belohnung zur Feier des Tages.*

Nach dieser Übung werden Sie die Dinge mit anderen Augen sehen. Das ist gut so. Es kommt auf die Perspektive an, aus der wir die Dinge betrachten. Auf ein Menschenleben bezogen sind praktisch alle Dinge, die wir tun, Kleinigkeiten. Im Leben gibt es recht wenige Schlüsselmomente, die wirklich Weichen stellen, die nicht mehr verändert werden können. Darauf müssen wir unsere ganze Energie lenken und uns optimal vorbereiten.

Wie Sie dafür sorgen, die Weichen richtig zu stellen, haben Sie im letzten Kapitel über die Werte gelernt. In diesem

Kapitel geht es darum zu verstehen, dass nichts so heiß gegessen wird, wie es gekocht ist.

Da wir als emotionale Wesen mit der bloßen Einsicht nicht besonders weit kommen, hilft Ihnen die Zeitmaschine, den emotionalen Abstand zu gewinnen, den es braucht, um auch den Kleinigkeiten heldenhaft zu begegnen.

Neben der „Zeitmaschine" können Sie zu einer Sache auch sagen: Du bist eine Kleinigkeit und als solche nehme ich dich wahr. Selbst wenn du mir jetzt nicht gelingst, wird mich das nicht aufhalten!

Auf den Punkt gebracht

Wir geben allem eine Bedeutung: Die Bedeutungszuweisung benötigen wir, um eine Situation einschätzen zu können. Handelt es sich um eine Gefahr oder eine Chance, ist das gut oder weniger gut für mich? Diese Fragen werden im Unterbewusstsein permanent gestellt und beantwortet.

Manchmal ist die Bedeutung, die wir einer Sache zuschreiben, leider unangemessen groß. Dann gilt es, sich das bewusst zu machen und das richtige Augenmaß wiederzufinden.

Zeitmillionär – die Welt der großen Zahlen

31.536.000 Sekunden bekommen wir am 1. Januar jedes Jahres auf unser Zeitkonto überwiesen. In jeder Stunde werden uns 3.600 Sekunden abgebucht, egal, wie wir sie verbracht haben. Am 31. Dezember um Mitternacht ist jede einzelne davon weg. Nichts bleibt übrig …

Eigentlich wäre das richtiggehend deprimierend, gäbe es da nicht unsere Erinnerungen, in denen wir schöne Momente aneinanderreihen können. Davon möglichst viele zu sammeln, erscheint als lohnenswertes Ziel. Für manche sind diese Momente die Zeiten mit der Familie, andere genießen sie am liebsten bei ihren Hobbys. Vom Urlaub in der Südsee ganz zu schweigen. Wie genau jeder einzelne von uns seine schönen Momente verbringt, bleibt letztlich dem Geschmack und den jeweiligen Vorlieben überlassen. Allen gemeinsam ist, dass für einen schönen Moment normalerweise Zeit benötigt wird, die nicht anderweitig durch lästige Pflichten oder Ähnliches blockiert ist – freie Zeit also.

Gar nicht so einfach heutzutage, wo die Arbeit einen sehr großen Stellenwert einnimmt und die Wege zur Arbeit manchmal auch viel Zeit in Anspruch nehmen – von der Zeit, die Fortbildungen und Regeneration benötigen, ganz zu schweigen. Dann fällt im Haushalt noch jede Menge Arbeit an, wenn man nicht nur wohnen, sondern in einem entsprechenden Ambiente leben will, wie uns die Werbung suggerieren möchte. Und ohne ausreichenden Schlaf geht's auch nicht. Das alles zusammen summiert sich und so ist die meiste Zeit des Tages, der Woche und auch des Jahres verplant. Es bleibt nicht viel übrig, um schöne Momente zu erleben …

Oder vielleicht doch?

Wie können wir es schaffen, mehr Freiraum für uns, für die Familie, für die eigenen Hobbys zu bekommen, ohne dabei die Pflichten zu vernachlässigen? Sie vielleicht sogar noch besser zu erledigen als vorher? Das Geheimnis lautet: gutes Zeitmanagement. Doch was genau versteckt sich hinter diesem Schlagwort?

Zeitmanagement

Zeitmanagement bedeutet, Tätigkeiten so zu organisieren, dass sie qualitativ gut bis exzellent verrichtet werden und dass dabei gleichzeitig alle Vorgänge so ablaufen, dass sie möglichst wenig Ressourcen benötigen. Nicht mehr und auch nicht weniger. Wenn das optimiert ist, kann man deutlich länger bei den schönen Dingen des Lebens verweilen.

Doch das ist leichter gesagt, als getan. Was kann an Routineaufgaben verändert werden, um sie schneller bewerkstelligen zu können? Es scheint, als ob die Dinge einfach die Zeit brauchen, die sie eben brauchen. Der Schein trügt jedoch. Viel von unserer Zeit geht verloren, ohne überhaupt bewusst wahrgenommen zu werden: mit Tätigkeiten, die zwar getan werden müssen, aber bei denen mehrere gleichartige Vorgänge zu einem Block zusammengefasst werden könnten. Oder durch den „Kampf" an mehreren Fronten durch zu viele parallel ablaufende Vorgänge. Schließen Sie lieber einen Vorgang ab und nehmen Sie sich dann erst den nächsten vor.

Externe Zeitkiller

- Unklare Mitteilungen
- Endlose Sitzungen
- E-Mail-Bombardements

- Mangelnde Verfügbarkeit
- Fehlende Zuständigkeiten
- Organisationsdefizite

Interne Zeitkiller

- Perfektionismus
- Nicht Nein-Sagen können
- Fehlende Zielklarheit
- Aufschieberitis
- Telefonitis
- Ablenkungen

„Das klappt doch nicht!“, höre ich Sie vielleicht sagen. „Was soll ich denn tun, wenn alle paar Minuten das Telefon läutet und nach jedem zweiten Gespräch etwas zu erledigen ist?“ Es gibt tatsächlich eine Lösung – und zwar eine einfachere, als Sie es sich vielleicht vorstellen: Sie haben genügend Helfer an Ihrer Seite. In Zeiten des Anrufbeantworters, der Faxe und E-Mails reservieren Sie sich einfach einen Teil des Tages dafür, alle Anrufe komplett im Paket zu erledigen. Das hat gleich mehrere Vorteile: Sie sind aktiv und auch vorbereitet, wenn Sie zurückrufen, da Sie ja bereits wissen, wen Sie anrufen, um was es geht und was letztendlich das Ziel des Gesprächs ist. Außerdem können Sie die Reihenfolge der Anrufe festlegen.

Damit schaffen Sie sich Zeiten, in denen Sie bei Ihren Kernaufgaben bleiben können, und zwar ungestört. Dass mit dieser Einteilung mehr erledigt werden kann, als mit den störenden Unterbrechungen, liegt auf der Hand. Wie viel Zeit geht einfach so verloren durch Hin- und Herräumen von Unterlagen, durch Suchen von Notizzetteln, die sich wieder irgendwo versteckt haben?

Zudem sollten Sie überdenken, welche Tätigkeiten wirklich nötig sind. Manche wollen oder müssen Sie eigentlich gar nicht tun. Sie wurden Ihnen einfach von außen aufs Auge gedrückt, weil Sie zu dem Zeitpunkt, als Sie Nein sagen hätten können, trotzdem Ja gesagt haben. Damit meine ich nicht, dass Sie nichts für andere tun sollen, sondern Sie sollten Ihrem Gefühl vertrauen, ob es Ja oder Nein sagt. Nein-Sagen ist manchmal besser als Ja-Sagen, es schenkt Ihnen die Zeit an anderer Stelle, dort, wo Sie wirklich Ja sagen wollen …

Zeitmanagment

- *Erst denken, dann handeln – Aktionismus bringt meistens nichts. Erst genau überlegen, was Sie wollen, und dann geht es los.*
- *Eins nach dem anderen – Fangen Sie eine neue Aufgabe erst an, wenn die letzte abgeschlossen ist. Es ist kein gutes Gefühl, zahllose Sachen gleichzeitig nicht erledigt zu haben.*
- *Kritisieren Sie Neues nicht unbesehen – Probieren Sie es erst aus, bevor Sie urteilen.*
- *Nein sagen – Alles hat seine Grenzen. Deshalb sollten Sie Nein sagen können.*
- *Pufferzeiten einplanen – Verplanen Sie niemals mehr als 60 % Ihrer Zeit. Den Rest brauchen Sie als Puffer.*

- *Gleichartige Aufgaben zusammenfassen – alle Telefonate hintereinander erledigen, Post komplett durcharbeiten.*
- *Seien Sie geduldig – setzen Sie sich nicht unter Druck, sondern berücksichtigen Sie Hindernisse.*
- *Seien Sie auch mit anderen geduldig – es wird nicht besser, wenn Sie anderen Druck machen.*
- *Unterstützung annehmen – fragen Sie nach Unterstützung, wenn Sie keine Ahnung oder keine Zeit haben.*
- *Das Ziel im Auge behalten – bleiben Sie sich bewusst, weshalb Sie das tun.*
- *Belohnen Sie sich – nichts ist besser als eine schöne Belohnung. Manchmal alleine, manchmal zu zweit.*

Es gibt noch viele Ansatzpunkte dafür, Zeit zu sparen. 50 davon und eine Menge weitere Tipps finden Sie im Downloadbereich von www.alexander-training.de.

Auf den Punkt gebracht

Gutes Zeitmanagement bedeutet, gut organisiert zu sein. Dadurch empfinden wir uns als ausgeglichener und sind zufrieden. Das wirkt sich positiv auf unser Selbstbild aus. Die Motivation steigt und eine Positivspirale wird in Gang gesetzt.

Führen Sie ein Erfolgstagebuch und Sie werden bald enorm selbstbewusst sein. Ihre Mitmenschen werden das erkennen und Sie als authentischer wahrnehmen. Sie werden Ihre Meinung immer mehr wertschätzen und Sie werden für andere an Bedeutung gewinnen.

Den Alltag bunt gestalten

Alles läuft wie geschmiert, ja es flutscht vielleicht sogar … und doch scheint etwas zu fehlen. Manche Menschen empfinden dies so stark, dass sie das Gegenteil eines Burnout erleiden: den Bore-out. Man langweilt sich fast zu Tode. Diese Gefahr besteht häufig bei Tätigkeiten, die eintönig sind oder die mit eingespielter Routine ohne Abwechslung und Freude verrichtet werden. In einer solchen Situation fehlt schon mehr als hin und wieder ein Überraschungsei – doch solche Inseln im Alltag sind eine gute Möglichkeit, es nie so weit kommen zu lassen, dass das eigene Leben grau wie stundenlang gekneteter Kaugummi erscheint. Überraschungen machen unser Leben bunt, knackig, spritzig und interessant. Da ist der Kaugummi frühlingsfrisch und entfaltet sein volles Aroma. Überraschungen kosten nicht viel oder nichts und zeigen eine große Wirkung – egal, in welchem Umfeld.

Beispiel: Wie können Sie andere überraschen?

- *Nehmen Sie sich Zeit und schreiben Sie auf ein Blatt Papier, was Ihnen einfällt.*
- *Unterteilen Sie vielleicht in verschiedene Bereiche: Wie können Sie Ihre Kollegen und Mitarbeiterinnen überraschen? Wie Ihre Familie und Freunde, Ihre Kinder oder … warum nicht, Ihre Haustiere?*

Die Überraschungen müssen nicht teuer sein, nein, sie wirken dadurch, dass Sie etwas anders machen als gewöhnlich:

- *Als Chef einen Kuchen backen für das Team*
- *Als Mutter mit Rollschuhen in der Küche stehen*

- *Kerzen auf die Treppe stellen*
- *Am Sonntag einfach mal liegen bleiben oder als Erster aufstehen und Frühstück machen*

Was ist bei Ihnen anders als normal, anders als gewöhnlich – wie könnten Ihre Überraschungen aussehen, schmecken, riechen, sich anfühlen und anhören?

Das kostet zu viel Zeit? Nein: Es erspart Ihnen Zeit, denn diese Aktionen – ob beruflich oder privat – motivieren Ihr Team, Ihre Familie, Ihre Freunde. Gleichzeitig zeigen Sie Ihre Wertschätzung – und so läuft später alles erst recht wie geschmiert. Und außerdem: Es macht einen Riesenspaß, andere zum Staunen zu bringen!

Auf den Punkt gebracht

Wenn Menschen motiviert sind – was auch an einer positiven Umgebung liegt – leisten sie mehr, und das tun sie auch noch gern, was wiederum die Umgebung positiv prägt. Überraschungen können zudem ein starkes Zusammengehörigkeitsgefühl erzeugen – und das ist nie verkehrt, egal ob in der Familie oder in der Abteilung. Ich wünsche Ihnen, dass Ihnen diese Übung nicht nur Freude an der Sache selbst bereitet, sondern es Ihnen auch Spaß macht, etwas für andere zu tun.

Wie Sie sich selbst am besten motivieren können

Motivation ist eine Art Zaubertrank, denn was wir motiviert tun, das geht uns leicht von der Hand und ist häufig von Erfolg gekrönt. Ganz egal, wofür wir uns Motivation wünschen – ob im Privat- oder Berufsleben: Sie sorgt dafür, dass wir mit Schwung und guter Laune bei der Sache sind. Jeder Mensch kann Motivation gebrauchen. Ob für den Start oder die Schlussphase eines Projekts, ob zum Kuchenbacken, Joggen oder Staubsaugen, für die lästige Steuererklärung oder die Umsetzung des Vorsatzes „Abnehmen und Sport treiben". Egal, worum es geht: Motiviert sind wir meistens besser.

Wenn die Motivation dann doch verloren gegangen ist, haben wir natürlich Hilfe parat. Mit den folgenden beiden Techniken sollte das kein Problem mehr sein:

Sechs Fragen für jetzt

Wählen Sie eine Aufgabe aus, zu der Sie nicht die geringste Lust haben, die Sie aber unbedingt erledigen sollten. Eine Tätigkeit also, zu der Sie überhaupt nicht motiviert sind – bei der Sie jede Menge Motivation brauchen können. Bügeln? Reisekostenabrechnung? Reifen wechseln am Auto von Partnerin/Partner? Die Excel-Tabelle anlegen, auf die der Chef seit einer Woche wartet? Mit dem Hund im Schneesturm Gassi gehen? Reklamationen abarbeiten? Den Keller aufräumen? ... und was ist es bei Ihnen?

Stellen Sie sich dann folgende Fragen:

- *Was hindert mich im Moment daran? Schreiben Sie die Frage und Ihre Antwort auf ein Blatt Papier.*

- *Was denke ich morgen über mich, wenn ich das nicht erledigt habe? Schreiben Sie die Frage und Antwort unter den ersten Teil.*
- *Was würde Schönes passieren, wenn ich es doch erledige? Bitte wieder schriftlich festhalten.*
- *Was denke ich morgen über mich, wenn ich es erledigt habe? Gerne auch notieren.*
- *Welche Wahl ist die attraktivere für mich?*
- *Wie entscheide ich mich jetzt?*

Im Kapitel „Emotionen steuern – Blockaden überwinden" haben Sie bereits die Submodalitäten kennengelernt. Mit der Praliné-Methode können Sie mithilfe der Submodalitäten auf mentaler Ebene Ihre Lust auf eine Aufgabe steigern.

Praliné-Methode

Das Motivationsdefizit kann genauso gestrickt sein wie oben. Nur die Vorgehensweise ist jetzt eine ganz andere.

- *Denken Sie an etwas, das Sie wahnsinnig gerne machen. Etwas, das Sie richtig lieben. Einkaufen gehen, Motorradfahren, Partys organisieren, Konzepte erstellen. Was ist Ihr Ding?*
- *Nehmen Sie dieses Bild und erleben Sie sich wieder richtig in Aktion. Mit allen Sinnen sind Sie mittendrin. Merken Sie sich dieses Bild gut.*
- *Erstellen Sie nun ein Bild von der ungeliebten Aufgabe. Dabei beobachten Sie sich im Bild.*

- *Legen Sie jetzt beide Bilder aufeinander. Und zwar so, dass das Bild mit der Aufgabe das Motivationsbild ganz verdeckt.*
- *Dann machen Sie ein kleines Loch in das Aufgabenbild. Durch das Loch sehen Sie ein wenig von dem Motivationsbild. Vergrößern Sie das Loch so weit, bis Sie die Motivation spüren können. Genießen Sie sie.*
- *Verkleinern Sie das Loch nun schrittweise. Immer nur so, wie es möglich ist, um weiter im Motivationsgefühl zu bleiben. Wiederholen Sie diesen Vorgang mehrmals und lassen Sie das Loch dabei jeweils so groß werden, wie es nötig ist, die Motivation zu spüren.*
- *Haben Sie das einige Male gemacht, denken Sie wieder an die Aufgabe vom Beginn. Was hat sich verändert? Vielleicht sind Sie jetzt motiviert, die Aufgabe zu erledigen.*

Sollte es nicht funktioniert haben, wiederholen Sie die Methode oder wechseln Sie vorübergehend zur „Sechs Fragen für jetzt"-Technik.

Was hat besser funktioniert? Was hat Sie mehr motiviert? Satz eins oder Satz zwei bei „Sechs Fragen für jetzt"? Der Reiz des Vorteils oder die Furcht vor dem Nachteil? Wie auch immer – Sie haben zwei Methoden getestet, sich selbst wirksam zu motivieren. Dies kann für Ihre Zukunft sehr nützlich sein, und nicht nur für Sie selbst: Es schafft wunderbare Erleichterung, wenn man weiß, womit man Kollegen, Freunde, Familienangehörige – Kinder! – am besten motiviert!

Sollten Ihnen diese Techniken nicht geholfen haben, liegt es vielleicht daran, dass Sie mal eine Auszeit brauchen.

Dieses Recht sollten Sie Ihrem Körper und Ihrem Geist zugestehen.

Geht das im Moment nicht, dann erledigen Sie jetzt nur noch das, was absolut sein muss und planen dann eine definitive Auszeit ein. Vielleicht haben Sie schon einmal gehört, dass die Zeit, die man seinem Körper nicht gibt, sich der Körper eines Tages nimmt. Und dann brauchen Sie mindestens die dreifache Auszeit, um wieder fit zu werden.

Auf den Punkt gebracht

Nutzen Sie die „Sechs Fragen für jetzt" als rational-analytische Methode und die Praliné-Methode als mentale Variante, um Ihre Motivation zu steigern. Je nach Aufgabenstellung werden Sie mal mit der einen oder mal mit der anderen Technik mehr Erfolg haben. Vermeiden Sie aber, sich mit Ihren neuen Fähigkeiten weitere Arbeit aufzuhalsen. Steigern Sie lieber Ihre Produktivität und das Mehr an Lebensqualität.

Wahrnehmungsfähigkeit

- Wundern Sie sich auch manchmal über die Sturköpfigkeit anderer?
- Haben Sie schon einmal erlebt, dass jemand einfach nicht auf Sie hören möchte?
- Und das, wo Sie doch ganz bestimmt Recht haben!
- Unfassbar! Doch das hat seinen Grund.

Wer hat wirklich Recht?

Sinneseindrücke

- *Unsere Wahrnehmung basiert auf unseren Sinneseindrücken. Es sind also unsere Augen, Ohren, unsere Haut, Nase und unser Mund daran beteiligt. Diese Sinne können sich aber auch täuschen. Betrachten Sie die mittleren Punkte in den Kreisen der Grafik auf der folgenden Seite und Sie werden feststellen, dass der mittlere Kreis rechts größer wirkt als der linke. Doch ich versichere Ihnen, beide mittleren Kreise sind gleich groß.*
- *Auch die Linien in der unteren Grafik sind immer gleich lang, absolut parallel und gerade ausgerichtet. Wahrscheinlich vermuten Sie schon, dass ich gleich sage, dass in der zweiten Grafik alle Kästchen gleich hoch und gleich breit sind. – Stimmt, das sind sie.*

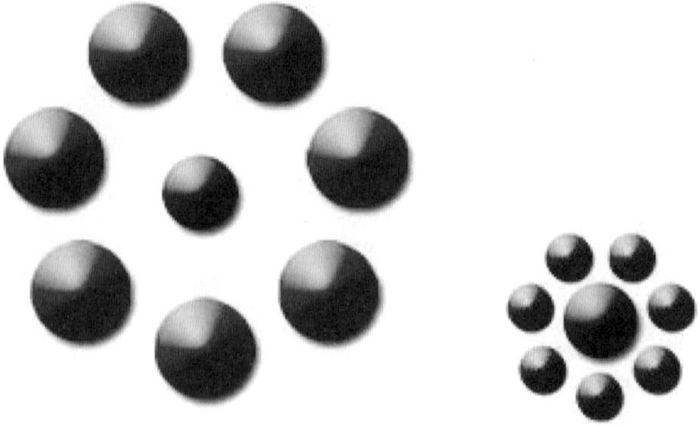

Auch Stimmungslagen, Interessen, Erwartungen und Aufmerksamkeiten wirken als Faktoren, die den Wahrnehmungsprozess auf etwas Spezifisches ausrichten. Das bedeutet, Dinge, die uns vertraut sind oder die wir erwarten, nehmen wir bevorzugt wahr.

Genauso verhält es sich auch mit der Beurteilung von anderen. Ob Kollegen, Schüler oder der Chef – Ihre Meinung über diese Personen beeinflusst Ihre Erwartung und damit Ihre bevorzugte Wahrnehmung. Das ist der Grund, weshalb sich unsere Meinung über jemanden so oft bestätigt, da die Ausnahmen nur selten wahrgenommen werden. Eine „selbsterfüllende Prophezeiung" tritt ein.

So kommt es manchmal zu heftigen Diskussionen, ob der Kollege Müller nun ein Trottel oder ein cleverer Kerl ist. Wer hat Recht? Nun, es ist eine Frage der Wahrnehmung.

Mein Tipp:

Suchen Sie sich einen solchen „Trottel" wie oben beschrieben und stellen Sie sich vor, Sie hätten eine ganz andere Meinung und Vorstellung von der Person. Achten Sie darauf, was an ihm/ihr genau dieser neuen Erwartung entspricht. Es könnte sein, dass Sie danach ziemlich überrascht sind!

Wir können nicht die vollständige Wirklichkeit wahrnehmen, da unsere Wahrnehmungsfähigkeit keine so große Bandbreite hat, um alles um uns herum gleichzeitig zu erfassen.

Die Interpretation des Wahrgenommenen weicht von Mensch zu Mensch erheblich ab. Dadurch kommt es zu unterschiedlichen Meinungsbildungen, die teilweise drastisch voneinander abweichen. Denken Sie an politische Meinungen, Sympathien oder Antipathien oder Vorlieben und Interessen.

Wir leben also in einer subjektiv konstruierten Wirklichkeit. Denken Sie daran, dass niemand die absolute Wahrheit (Wirklichkeit) kennt und daher unterschiedliche Meinungen ihre Berechtigung haben. Je klarer Ihnen das ist, desto weniger Konflikte werden Sie erleben.

Somit gibt es im subjektiven Bereich unterschiedliche Meinungen, Ansichten oder Bewertungen. Diese riesige Bandbreite von Wahrheiten hat ihre Berechtigung. Sollten Ihre Kinder einen anderen Lebensentwurf anstreben, als Sie es geplant haben, sind Ihre Kinder nicht im Unrecht, sondern haben eine andere Wirklichkeit gewählt.

Auf den Punkt gebracht

Jeder Mensch hat seine eigene Wahrnehmung und seine eigene Interpretation der Wirklichkeit. Eine NLP-These, die das verdeutlicht, lautet: Jeder Mensch hat seine eigene „Karte der Realität".

Jeder Mensch reagiert auf seine eigene „Karte der Realität", nicht auf die Realität selbst. Jeder hat nur seine eigene mentale Landkarte als Realität zur Verfügung. Wer glaubt, alle Menschen benutzen dieselbe Karte oder befänden sich gar in derselben Realität, erschwert sich das Leben ungemein. Denn wir reagieren nicht auf die Wirklichkeit, sondern auf das, was wir in unserem Kopf aus der Wirklichkeit machen – und da macht eben jeder etwas anderes.

„Lieber besser statt mehr“ sollte Ihre Devise sein

Konsum- und Alltagsverhalten überdenken

Überdenken Sie Ihr Konsum- und Alltagsverhalten.

- *Wo laden Sie sich mehr als nötig auf?*
- *Worauf können Sie verzichten?*
- *Wo könnte Exklusivität gezielt den Konsumrausch ersetzen?*
- *Welche Inseln der Ruhe können Sie für sich erschaffen?*

Wissen Sie, welche Menschen am meisten unter Sinnkrisen leiden? Wohlhabende und reiche Menschen, deren Existenz zwar sicher, aber deren Sinn des Lebens gefährdet ist.

Wissen Sie, welche Menschen am glücklichsten sind? Menschen, die für sich positive Perspektiven entwickeln können und keine Angst vor dem Unten haben. Ganz besonders schön wird das Leben also, wenn wir in der Lage sind, Chancen zu erkennen, ohne wahnhaft nach materiellen Dingen zu lechzen.

In der Wirtschafts- und Finanzkrise wurden viele aus ihrem Dornröschenschlaf geweckt. Galt bis dahin die Maxime „Wohlstand durch Güter und Geld“, wankte diese Hypothese auf einmal. Zwischenmenschliches trat wieder in den Vordergrund. Nicht zu Unrecht. Sehr viele Gutverdiener, die ich in den letzten Jahren im Coaching oder Seminar hatte, litten unter sozialer Isolation. Manchmal haben sie gar keine Freunde, ein anderes Mal die falschen. Je mehr jemand besitzt, desto schwerer wird es, Vertrauen in andere Menschen zu investieren. Nur gut, wer dann auf langjährige Freunde zurückgreifen kann. Diese sind beim Hinaufklettern auf der Karriereleiter aber häufig auf der Strecke geblieben.

Wird Erfolg nicht nur materiell betrachtet, erkennen wir schnell, dass zum Glück viel mehr gehört.

Doch dem Streben nach mehr sind wir auch in anderen Lebensbereichen verfallen. Haben Sie auch einen vollen Terminkalender? Wird es Ihnen auch manchmal zu viel?

Wie kommt das nur? Es ist eine Eigenart von uns, unsere Umwelt unbewusst als Maßstab für unser eigenes Handeln heranzuziehen. Was, der Nachbar ist viel mehr beschäftigt als ich, die Kollegin hat schon wieder ein neues Kleid? Im TV sind alle glücklich, wenn sie shoppen gehen, sich danach mit der Freundin treffen, zwischendurch beim Yoga ihr Karma durch den Sonnengruß stärken und im Anschluss auf der After-Work-Party Kontakte knüpfen. Das bisschen Haushalt ist doch nicht so schwer, dass Geburtstage, Kino, Fußball, Reisen und Zähneputzen nicht locker noch dazwischenpassen. Ein Leben im Zeitraffer.

Da jeder so tut, als ob das alles prima sei, bekommt jeder nur die eigenen Zweifel mit und denkt, dass nur mit ihm selbst etwas nicht stimmt, wenn der Körper und die Seele mal nach einer Atempause rufen. Glücklicherweise gibt es dann ja die Wellnessindustrie mit Pillen, Döschen und Massagen, um das wieder abzufangen. Hauptsache, man ist nicht mit sich selbst beschäftigt.

Weniger bekannt ist, dass in Deutschland 16.000 Psychotherapeuten in der Kassenärztlichen Vereinigung registriert sind. Alle anderen Seelenpfleger lassen sich in ihrer unüberschaubar hohen Anzahl nicht einschätzen.

Was können wir daraus lernen? Sollten Sie gelegentlich denken, mit Ihnen stimmt etwas nicht, können Sie beruhigt sein: Sie sind in bester Gesellschaft. Wenn Sie Ihren Alltag entschleunigen, bei der Auswahl der Angebote mehr auf Qualität statt Quantität achten, haben Sie beste Karten in der Hand, Ihr Leben wieder in ruhigere Fahrwasser zu lenken.

Da im Zuge der durch die Finanz- und Wirtschaftskrise entstandenen Liquiditätsengpässe das Motto „Qualität statt Quantität“ wieder salonfähig wird, wären Sie somit ein Trendsetter. Gleiches gilt für das Entschleunigen des Alltags. Seit einigen Jahren gibt es die „Slobby-Bewegung“. Ursprünglich eine neue Management-Philosophie – „slow but better working people“ – wird sie auch im Alltag immer populärer. Der Volksmund wusste es schon vorher: In der Ruhe liegt die Kraft.

Mein Tipp:

Möchten Sie dieses Prinzip effektiv einsetzen, entschleunigen Sie bei wichtigen Fragestellungen ganz bewusst, um in einen anderen Zustand zu kommen. Da unser Zustand unser Denken gravierend beeinflusst, können Sie so völlig neue Lösungsansätze hervorbringen. Genauso können Sie neue Akzente setzen, wenn Sie vom Stuhl aufstehen und umhergehen, einen anderen Ort aufsuchen oder in einer Fremdsprache denken. Probieren Sie es aus.

Auf den Punkt gebracht

Unsere verzerrte Wahrnehmung unserer Mitmenschen führt zu einem unrealistischen Maßstab, den wir an unser Leben anlegen. Die Leistungssuggestion bestärkt diesen Effekt, sodass wir uns als soziale Wesen anstrengen, dem Standard zu entsprechen. Da es in jedem sozialem System Vorreiter gibt, können wir durch achtsames Handeln zum Vorbild für andere werden.

Wie Sie erkennen, ob die Aussagen anderer stimmig sind

„Wenn die Konkurrenz so weitermacht, dann wird sie uns noch das Fürchten lehren", ruft der Chef mit einem süffisanten Grinsen im Gesicht seinen Mitarbeitern entgegen. Alle lachen. Sie haben erkannt, dass der Chef das ironisch meint. Der Chef hat etwas anderes gesagt, als er gemeint hat. Durch Tonlage und Gesichtsausdruck wurde das deutlich.

Frage ich einen Klienten nach seinem Wohlbefinden, achte ich ebenfalls auf dessen Stimmlage und Körpersprache. Diese Informationen sind für mich genauso wichtig wie das gesprochene Wort. Ich bin mir sicher, dass Sie bei Ihren Familienmitgliedern und guten Freunden noch vor dem ersten Satz erkennen, wie die Stimmung ist.

Probieren Sie Folgendes

Fragt Ihre Freundin Sie beim nächsten Mal, ob ihr das Kleid steht, antworten Sie bitte mit einem Kompliment, sprechen es aber aus, als ob Sie gerade einem Zahnarzt die Erlaubnis zum Zähneziehen geben. Was glauben Sie wohl, welche Reaktion Sie erwartet?

Weshalb wir nicht immer sagen, was wir meinen, hat vielfältige Gründe. Wer bringt es schon übers Herz, einem geliebten Menschen, der sich gerade enorm angestrengt hat, ganz direkt zu sagen, dass die Suppe, für die er stundenlang in der Küche stand, scheußlich schmeckt? Würden wir das nicht alle etwas vorsichtiger formulieren?

Erwarten wir eine Standpauke für unseren Undank, würden wir wohl auch nicht ganz die Wahrheit sagen, um einem überflüssigen Konflikt aus dem Weg zu gehen. Lädt uns der Chef zum selbst gekochten Essen ein, würden wir auch zweimal überlegen, ob wir wirklich unsere unzensierte Antwort zum Besten geben.

Der gute Beobachter wird dennoch merken, dass nicht alles im Reinen ist. Sobald es etwas ernster wird, fällt es nämlich den meisten schwer, nach außen scheinbar „kongruent" zu kommunizieren, wenn sie anderer Meinung sind.

Inkongruenzen liegen vor, wenn Verhalten und Aussagen nicht zueinanderpassen. Achten Sie also immer auf die Körpersprache und Stimmlage Ihres Gegenübers, um zu überprüfen, ob er auch meint, was er sagt.

Achten Sie auf den NLP-Schlüssel, um zu verstehen, dass dieses Verhalten nicht per se als schlecht einzustufen ist.

Einen riesigen Vorteil haben Sie, wenn Sie Ihre Augen weit öffnen und Ihre Ohren spitzen, um zukünftig Missverständnisse zu vermeiden.

Immerhin beträgt der Anteil der nonverbalen Kommunikation bis zu 93 %. Damit sind die Körpersprache, die Stimmführung, die Mimik und die Gestik gemeint.

Da manchmal ein Blick oder ein Lächeln schon ausreicht, um sehr viel auszudrücken, ohne ein Wort zu sagen, kann der nonverbale Anteil sogar bis zu 100 % betragen. Es macht sich also bezahlt aufzupassen.

Hier lohnt es sich, auf Inkongruenz zu achten

Hat Ihre Tochter Probleme mit den Hausaufgaben und traut sich nicht, das zuzugeben, tun Sie gut daran die Inkongruenz zu erkennen.

Arbeiten Sie im Kundenkontakt, sollten Sie ein Meister geschulter Wahrnehmung sein.

Unzählige Male erlebe ich leider genau das Gegenteil. Ich wurde schon regelrecht in inkongruentes Verhalten getrieben, weil der Verkäufer so aufdringlich und neunmalklug war, dass mir keine andere Wahl blieb, als zuzustimmen, wenn ich nicht in ein Streitgespräch verwickelt werden wollte. Es versteht sich von selbst, dass ich bei solchen Verkäufern keinen Cent habe liegen lassen.

Auf den Punkt gebracht

Wenn verbale und nonverbale Aussagen übereinstimmen, spricht man von „Kongruenz“. Widersprechen sich verbale und nonverbale Aussagen, spricht man von „Inkongruenz“.

Inkongruenzen entstehen aus Unsicherheit, Höflichkeit, Angst, Konfliktscheu, Mitleid und mangelnder Entscheidungsfähigkeit aufgrund unzureichender Informationen oder Befugnisse. Wer zu viel Druck ausübt, wird andere überfordern und damit zwangsweise Inkongruenzen auslösen, da eine kompetente Antwort unter Anspannung nur schwer möglich ist. Je nachdem, wie aufmerksam wir sind, bemerken wir Inkongruenzen früher oder später.

Nun können wir nicht einfach hingehen und jedem auf die Nase binden, wenn wir meinen, eine Inkongruenz festzustellen. Völlig recht hätten jene, die sich unserer Wahrnehmung verschließen würden. Im schlimmsten Fall unterstellen wir damit immerhin eine Lüge. So etwas würden auch wir nicht ohne Konsequenzen hinnehmen.

Inkongruenzen auflösen

- *Respektieren Sie das Verhalten Ihres Gegenübers. Fragen Sie aber freundlich nach, ob es vielleicht noch etwas gibt, was noch nicht geklärt ist.*
- *Bedanken Sie sich und bieten Sie Hilfe an, wenn später noch ein Frage aufkommen sollte. Oft bekommen Sie dann schnell den springenden Punkt genannt.*

- *Bauen Sie ein gutes Verhältnis zueinander auf, sprechen Sie höflich an, dass Sie sich nicht sicher sind, ob Ihr Gesprächspartner meint, was er sagt.*
- *Sagen Sie einfach, dass Ihnen etwas noch nicht klar ist. Und zwar das, was Sie als Inkongruenz erkannt haben. „Gut, dass Du das so siehst, mir geht es nämlich so …" Als Antwort bekommen Sie dann plötzlich: „Ja, mir geht es auch so". Nun können Sie den Punkt klären.*

Inkongruenzen

- *Achten Sie gezielt auf Inkongruenzen und beherzigen Sie die oben genannte Technik „Inkongruenzen auflösen".*
- *Überlegen Sie neue Wege, mit Inkongruenzen umzugehen. Ist Ihre Wahrnehmung geschult, werden Sie im Laufe der Zeit flexibler werden.*
- *Zu Übungszwecken spielen Sie aktiv mit Inkongruenzen. Beim Flirten kommt das übrigens auch vor und macht richtig Spaß.*

Auf den Punkt gebracht

Sind wir uns in irgendeiner Form unsicher, spiegelt sich das in unserem Verhalten wider. Da wir aber noch nicht wissen, welche der beiden Seiten unserer Unsicherheit in diesem Moment die richtige ist, verhalten wir uns inkongruent. Das ist kein Grund zum Groll, sondern ein Hinweis, dass wir noch weitere Informationen benötigen, um eine Situation richtig einschätzen zu können.

Von Sinnen und Sinnlichkeit

Im NLP unterscheiden wir zwischen drei Hauptsinnessystemen:

- visuell,
- auditiv und
- kinästhetisch.

„Visuell" bezeichnet alles, was wir sehen können, „auditiv" das Hörbare und „kinästhetisch" das Spürbare. Daneben gibt es noch den Sinn fürs Riechen, olfaktorisch, und den fürs Schmecken, gustatorisch. Unsere individuelle Wahrnehmungsfähigkeit ist sogar ein Stück weit von den Hauptsinnessystemen abhängig. Die meisten Menschen haben nämlich einen bevorzugten Sinneskanal.

Die eine macht sich ein Bild, der Nächste bekommt ein angenehmes Gefühl und für den Dritten klingt es gut. Welche der folgenden Beschreibungen gefällt Ihnen am besten?

Welcher ist Ihr bevorzugter Sinneskanal?

- *Es war gestern ein schöner Abend, die ansehnlichen Geschenke und die hübschen Verpackungen haben meine Laune aufgehellt. Wenn ich mir das so betrachte, sollten wir das öfter machen. Wie siehst du das?*
- *Es war gestern ein stimmungsvoller Abend, die vielen Geschenke haben mich aufhorchen lassen und meine Stimmung verbessert. Auch die Hintergrundmusik war sehr eingängig. Wenn ich so darüber nachdenke, sollten wir in Ruhe überlegen, ob wir das nicht öfter machen. Wie klingt das für dich?*

- *Es war ein gemütlicher Abend, die tollen Geschenke haben mich ergriffen und ich habe mich pudelwohl gefühlt. Wenn ich so in mich gehe, habe ich das Gefühl, wir sollten das öfter machen. Wie empfindest Du das?*

Wahrscheinlich haben Sie die Version gewählt, die Ihrem bevorzugten Sinnessystem entspricht. Die erste Variante ist visuell, die zweite auditiv und die dritte kinästhetisch beschrieben.

Auf den bevorzugten Sinneskanal achten

- *Hören Sie genau hin, wie andere formulieren.*
- *Aus welchem Sinnessystem kommen die Begriffe, die meistens verwendet werden?*
- *Wenn Sie diese übernehmen, können Sie den anderen im gleichen Sinnessystem ansprechen.*
- *Das wird er besser verstehen und aufnehmen können.*

Mein Tipp::

Visuelle Menschen sehen es gerne, wenn man ihnen etwas zeigt. Auditive Personen hören sich gerne etwas an. Kinästhetisch Orientierte haben gerne etwas in der Hand. Berücksichtigen Sie das im Umgang mit ihnen.

Sich auf die verschiedenen Sinnestypen einstellen

Tristan fühlt sich wohl, wenn er seine Klamotten in die Ecke werfen kann. Sybille sieht das gar nicht gerne. Johanna hat keine Lust mehr, sich den Streit zwischen den beiden anzuhören.

Johanna könnte zu Tristan sagen, dass bei ihr die Jalousien runtergehen, und zu Sybille, dass sie das nicht mehr mit ansehen kann.

Tristan würde Johanna antworten, dass sich das für sie wie eine Dissonanz anhören muss, wenn er die Sachen in die Ecke wirft.

Zu Johanna sagt Sybille, dass sie darauf achten wird, nicht mehr so schrill und laut zu sein.

Wenn sich jeder ein bisschen auf das Sinnessystem des anderen einstellt, wird es für alle leichter. Einsicht ermöglicht Harmonie und Wohlbehagen.

Es kommt vor, dass das Schmecken und Riechen bevorzugt Verwendung findet. Das ist zwar deutlich seltener, funktioniert aber genauso gut. Unsere kleine Geschichte würde dann so lauten:

Bevorzugung des Riechens und Schmeckens

Was für ein dufter Abend gestern, die leckeren Geschenke und die süßen Verpackungen haben meinen Appetit angeregt. Wenn ich mir das so auf der Zunge zergehen lasse, sagt mir meine Nase, dass wir das öfter machen sollten. Was sagt dein Riecher dazu?

Selbstverständlich gibt es auch alle Arten von Mischformen. Nur selten haben wir so extrem einseitig ausgeprägte Aussagen vor uns.

Verkäufer und Kundenberater sollten genau das zur Verkaufsförderung gelernt haben: den bevorzugten Sinneskanal des Kunden erkennen und ihn auf dieser Ebene ansprechen können. Berater und Coaches signalisieren auf ähnliche Weise mehr Verständnis für den Klienten. Eltern erfassen so die Welt des Kindes besser. Erwachsene untereinander reduzieren Missverständnisse. Denn wenn jemand sagt, dass er das nicht einsieht, und Sie antworten, aber das muss man doch begreifen, reden Sie aneinander vorbei.

Die richtigen Antworte wäre:

- Was genau siehst du noch nicht ein?
- Was fehlt dir noch für einen Überblick?
- Welches Teil des Bildes fehlt dir noch?

Jetzt „betrachtet" sich der Sprecher als klar verstanden.

In welchem Sinnessystem sich jemand gerade bewegt, können Sie sogar an den Augenbewegungen erkennen.

Denken Sie doch einmal kurz an Ihre Schulzeit zurück und achten Sie dabei darauf, wie Sie sich genau daran erinnern. Was fällt Ihnen zu Ihrer Grundschule als Erstes ein? Sehen Sie bestimmte Situationen vor sich? Das Gebäude, die Klasse? Oder hören Sie den Klang einer vertrauten Stimme oder vielleicht haben Sie auch einfach nur ein Gefühl, das Sie früher in der Schule hatten. Wie erinnern Sie sich an Ihre Schulzeit?

Faszinierenderweise bewegen sich unsere Augen abhängig davon, was wir im Geiste gerade tun, in verschiedene Richtungen. Wenn wir uns im Geist ein Bild machen, bewegen sich unsere Augen z. B. nach oben und wenn wir mit uns selbst sprechen, bewegen sich die Augen nach unten. Versuchen Sie sich einmal daran zu erinnern, wie sich die Stimme eines Lehrers oder eines Mitschülers angehört hat. Wohin bewegen sich dabei Ihre Augen ganz automatisch?

Führen Sie mit jemandem ein Gespräch, kann es nützlich sein, an den Augenbewegungen zu erkennen, welche inneren Prozesse jemand durchläuft. Sie sehen, ob er Ihren Aussagen folgen kann oder nicht. Das erkennen Sie an den Augenzugangshinweisen, „AZH" genannt). Sie erfahren nicht, WAS jemand denkt, sondern WIE. Manchmal lässt sich aber das eine vom anderen ableiten.

Die AZH machen unmissverständlich klar, dass die Lösung eben doch an der Decke zu sehen ist. Sie erinnern sich? „An der Decke steht es nicht!" ist manchmal zu hören, wenn jemand überlegt. Die richtige Reaktion wäre zu schweigen, bis der Schüler den inneren Suchprozess abgeschlossen hat. Denn er ist gerade dabei, sich visuell zu erinnern und Informationen abzurufen. Möchten Sie ihm etwas Gutes tun, üben Sie mit ihm gezielt zu visualisieren. Dann kann er noch besser und schneller Informationen abrufen. Übungen zum Visualisieren finden Sie auf meiner Homepage im Downloadbereich.

Die AZH sind bei Diskussionen oder einer Lösungsfindung sehr hilfreich. Ich habe schon bei Klienten komplexe Veränderungen erreicht, indem ich nur mit den AZH gearbeitet habe.

Ein Grundmuster der Augenzugangshinweise sehen Sie auf der folgenden Seite:

Standard:

Ich:

Oben:	VK = visuell konstruiert	VE = visuell erinnert
Mitte:	AK = auditiv konstruiert	AE = auditiv erinnert
Unten:	K = kinästhetisch (Gefühl)	ID = innerer Dialog

Die Blickrichtung Ihres Gegenübers verrät Ihnen, in welchem Sinneskanal er sich gerade befindet. Da aber nicht bei jedem Menschen die AZH gleich organisiert sind, kann es sinnvoll sein, durch genaues Beobachten und gezieltes Fragen herauszufinden, wie sie im Einzelfall ausgerichtet sind.

Augenzugangshinweise

Lesen Sie die Fragen und beobachten Sie bei der Antwortsuche, in welche Richtung Ihre Augen schauen.

- *VK: Stellen Sie sich eine Traumsituation vor.*
- *VE: Denken Sie an das Gesicht Ihrer ersten großen Liebe.*
- *AK: Wie würde sich Ihr(e) Chef(in) mit der Stimme eines Froschs anhören?*
- *AE: Erinnern Sie sich an Ihren Lieblingssong und summen Sie mit.*
- *K: Wie fühlt sich ein kaltes Bein an?*
- *ID: Fragen Sie sich, ob Sie die Übung verstanden haben.*

Es kann passieren, dass Sie immer zuerst in eine Richtung schauen und dann erst die eigentliche Position ansteuern. Das liegt dann an Ihrem Leadsystem – das System, mit dem Sie sich generell Zugang zu Informationen verschaffen.

Falls Ihnen das Erkunden Ihrer AZH schwer fällt, probieren Sie es am besten mit einem Übungspartner. Ein praktisches Anwendungsbeispiel schrieb mir ein NLP-Ausbildungsteilnehmer, der als Coach arbeitet:

Nachdem ich nun über die Augenzugangshinweise Bescheid wusste, wollte ich in meiner Beratungspraxis genau darauf achten. Bei einem Klienten bemerkte ich, dass er, egal was ich fragte, immer in den kinästhetisch-emotio-

nalen Bereich ging. Ich fragte ihn, was sein Problem sei. Seine Augen zeigten sofort nach rechts unten. Ich fragte ihn, ob er sich eine Lösung vorstellen könne. Seine Augen zeigten wieder nach unten in den Gefühlsbereich und er sagte Nein. Ich fragte ihn: „Haben Sie schon einmal ein Problem erfolgreich gelöst?" Er sagte: „Ich kann mich im Moment nicht erinnern", und schaute dabei wieder nach rechts unten. Jetzt forderte ich ihn auf, bewusst nach oben zu schauen und fragte ihn nochmals: „Haben Sie schon einmal ein Problem erfolgreich gelöst?" Er wollte wieder nach unten schauen und ich sagte: „Halt, bitte schauen Sie nach links oben." Es fiel ihm zuerst etwas schwer, doch dann, wie durch ein „Wunder", fielen ihm gleich mehrere Situationen ein. Jetzt waren erste positive Ressourcen aktiviert. Später übte ich mit ihm noch etwas und wandte einige NLP-Veränderungstechniken an, um ihm bei der Lösungsfindung zu helfen. Eine tolle Bereicherung meiner Arbeit.

Auf den Punkt gebracht

Die meisten Informationen erreichen uns durch Sehen, Hören und Spüren. Aufgrund der unterschiedlichen Informationsverarbeitung gibt es individuelle Präferenzen in den Sinnessystemen.

Wissen Sie von Ihrem Partner, welches Sinnessystem ihn besonders anspricht, können Sie ihm Ihre Botschaft schmackhafter machen. Einem Visuellen zeigen Sie etwas, für einen Kinästheten lassen Sie die Dinge greifbar werden und für den Auditiven sollten die Dinge, z. B. Ihre Stimme, gut klingen.

Mit Führungsstärke Vertrauen schaffen

Kontakt, der sicher klappt

Möchten Sie von anderen in Ruhe gelassen werden? Dann rate ich Ihnen zu Folgendem:

- Lassen Sie andere grundsätzlich nicht ausreden.
- Setzen Sie Kritik und Vorwürfe reichlich ein.
- Reden Sie nur von sich.
- Unterbrechen Sie, sobald Sie etwas besser wissen – und Sie wissen immer etwas besser.

Wenn Sie diese Punkte umsetzen, garantiere ich Ihnen große Erfolge dabei, sich selbst zu isolieren.

Möchten Sie unwiderstehlich werden, sollten Sie anders vorgehen. Etwa so:

- Hören Sie aufmerksam zu.
- Lassen Sie andere aussprechen.
- Vermitteln Sie Anerkennung, wenn es einen Grund dafür gibt.
- Zeigen Sie Interesse und stellen Sie Fragen.

Pacing

Neben diesen Basics gibt es für Sie noch ganz andere, tiefenwirksame Methoden, um eine positive Aura auszustrahlen. Da jeder Mensch sich selbst am vertrautesten ist, reagiert auch jeder besonders positiv auf Ähnlichkeiten. Ist uns jemand sympathisch, beginnen wir unbewusst, uns ähnlich zu verhalten – man spricht dann von „Pacing“. Die Gesprächsatmosphäre wird angenehm und bewegt sich im Einklang.

Diese Regel ist sehr einfach und lässt sich täglich beobachten. Passen Sie Ihr Ausrucksverhalten an und Sie werden angenehm überrascht werden. Besonders lohnenswert ist die Methode, wenn der Funke nicht von selbst überspringt und es Ihnen wichtig ist, eine gute Atmosphäre herzustellen. Ob das Kunden, Kollegen, Vorgesetzte, Patienten, Klienten oder Freunde in der Krise sind, ist völlig gleich. Sollten Sie zweifeln, rate ich Ihnen, genau das Gegenteil zu machen, dann werden Sie schnell merken, wie viel Wahrheitsgehalt in dieser NLP-Methode steckt.

Basis-Pacing

- *Übernehmen Sie die Körperhaltung Ihres Gegenübers.*
- *Hören Sie auf die Stimmlage und übernehmen Sie Lautstärke und Geschwindigkeit.*
- *Sprechen Sie ähnlich lange Sätze.*
- *Übernehmen Sie die Wortwahl.*
- *Gleichen Sie Ihre Stimmung an.*

Es gibt noch eine Reihe weiterer Möglichkeiten, Pacing zu nutzen – zum Beispiel durch das Angleichen der Kopfhaltung, der Äußerlichkeiten, der Mimik, der Atmung, des Sprachstils, der Melodik der Stimme, des Rhythmus oder der Sprechpausen. Sobald Sie das Basis-Pacing beherrschen, haben Sie aber schon den größten Teil verstanden und werden selbst neue Varianten des Pacings entdecken.

Es versteht sich von selbst, dass Pacing gezielt und nicht überzogen eingesetzt wird. Natürlich übernehmen Sie nicht jede Zuckung des Gesprächspartners.

Der Begriff „Pacing" stammt aus der frühen Hypnotherapie und bedeutet „Spiegeln" bzw. „Angleichen". Es ist so effektiv, weil es eine Kommunikation auf unbewusster Ebene erzeugt. Spiegelneuronen in unserem Gehirn scheinen an diesem Vorgang beteiligt zu sein. Sie simulieren, was wir in der Außenwelt wahrnehmen. Dadurch ist Lernen durch Beobachtung möglich.

Kinder imitieren mithilfe der Spiegelneuronen automatisch das Verhalten der Umwelt. Wir Erwachsenen verhalten uns ähnlich. Ist eine Grundähnlichkeit vorhanden, gleichen wir uns automatisch, also unbewusst, dem Gesprächspartner weiter an. Für den Profi ist das ein Zeichen für einen guten Kontakt (Rapport). Beim Pacing nutzen wir dieses Prinzip bewusst, sodass Vertrautheit schneller entsteht und Informationen besser vermittelt werden.

Das Grundprinzip von Pacing ist übrigens schon lange bekannt. Bereits der Jesuitenpater Ignatius von Loyola (1491–1556) unterrichtete seine Ordensleute in dieser Methode.

Mein Tipp:

Beobachten Sie Menschen, die sich gut verstehen. Sie werden feststellen, dass sie ganz von selbst beginnen, ähnlich zu sprechen, sich ähnlich zu bewegen und eine ähnliche Körperhaltung einzunehmen. Sie greifen gemeinsam zum Glas, lachen miteinander und lassen sich von der Atmosphäre anstecken.

Auf den Punkt gebracht

Durch Pacing schaffen Sie eine vertrauensvolle Atmosphäre, die Sie dabei unterstützt Ihr Anliegen besser rüberzubringen. Sie wirken sympathischer und glaubwürdiger und werden deutlich erfolgreicher sein.

Leading

Haben Sie durch Pacing den guten Kontakt, den der Fachmann „Rapport" nennt, können Sie zum Leading übergehen. „Leading" bedeutet, die Führung zu übernehmen. Das funktioniert auf zwei Ebenen: auf der Inhaltsebene und der emotionalen Ebene. Durch Leading steuern Sie die Stimmung, die Atmosphäre, die Art, wie Sie kommunizieren, und worum es sich inhaltlich dreht.

Und das geht extrem einfach: Denn wenn der Draht zueinander gut ist, ist unser Gesprächspartner bereit, sich auf uns einzulassen. Er wird uns unbewusst folgen und sich auf unsere Argumente einlassen. Denn wenn wir jemanden gerne haben, lassen wir uns auch eher mal etwas sagen, was uns sonst vielleicht niemand sagen dürfte. Deshalb wird Pacing sehr viel von Coaches, Therapeuten und immer mehr auch von Ärzten und Pädagogen eingesetzt – Menschen also, die wesentlich effektiver für ihre Kunden und Patienten arbeiten können, wenn das Vertrauen schnell hergestellt ist.

Mein Tipp:

Achten Sie auf Menschen, die überdurchschnittlich sympathisch sind, eventuell auch ausgewählte Führungskräfte. Viele beliebte Mitmenschen sind sehr gut im Leading. Denn wer gut die Führung im Gespräch übernehmen kann, hilft anderen Menschen, sich wohler zu fühlen. Das macht charismatisch. Lernen Sie von solchen Zeitgenossen.

Dass Pacing und Leading auch für ein gutes Auskommen mit Freunden, Nachbarn und Kollegen nützlich ist, liegt auf der Hand. Denn so haben wir ein Werkzeug, um professionell Kommunikation zu gestalten, statt hilflos hin und her zu stolpern.

Da jeder den guten Kontakt mit anderen sympathischen Personen instinktiv halten will, werden Sie auf der Basis eines guten Rapports auch einen traurigen Freund in eine gute Stimmung versetzen können oder eine verärgerte Kundin wieder zum Partner machen. Pacing und Leading sind für Berater und Führungskräfte absolute Basiswerkzeuge.

Pacing und Leading

- *Stellen Sie durch Pacing Rapport her und beginnen Sie mit dem Leading, indem Sie langsam Ihre Stimmung verändern und beobachten, wie Ihr Partner mitgeht.*
- *So können Sie auch thematisch in die gewünschte Richtung führen. Auch bei kritischen Gesprächspartnern wird das auf der Basis des Rapports funktionieren.*

Auf den Punkt gebracht

Beginnt der NLP-Anwender mit dem Leading, wird er gezielt seine Stimmlage, Körperhaltung, Mimik und Stimmung in die von ihm gewünschte Richtung verändern und prüfen, ob der andere diesen Veränderungen folgt. Ist dies der Fall, fängt er an, auch thematisch die gewünschte Richtung einzuschlagen.

So führt er das Gespräch bis zum gewünschten Ziel: Den anderen zu unterstützen, eine Lösung zu finden, aus einer schlechten Verfassung herauszukommen oder um einfach gemeinsam Spaß zu haben.

Klare Kommunikation reduziert Ärger und macht erfolgreich

Wussten Sie, dass bis zu 90 % aller zwischenmenschlichen Probleme aufgrund kommunikativer Störungen entstehen?

Missverständnisse, unklare Botschaften und mangelndes Einfühlungsvermögen sind einige der Gründe, warum Mitarbeiter den Arbeitgeber wechseln oder Kunden das Unternehmen verlassen. Kommunikation ist also weit mehr als Miteinander-Reden. Es geht bei ihr um eine grundlegende Voraussetzung des beruflichen und persönlichen Erfolgs.

Wer den Mund zur rechten Zeit nicht aufmacht, darf nicht erwarten, dass die anderen von selbst erraten, was bei ihm los ist. Eine klare Aussage im richtigen Ton kann Wunder bewirken. Dabei geht es nicht darum, dem anderen nach dem Mund zu reden. Sondern zum richtigen Zeitpunkt den eigenen Standpunkt zu vertreten und nicht erst, wenn das Kind schon in den Brunnen gefallen ist.

Häufig formulieren wir unsere Sätze höchst ungenau und wundern uns dann, warum die anderen etwas ganz anderes machen, als wir zu Ihnen gesagt haben. Vieles bleibt völlig unkonkret und kann daher im Zweifel nur zu Verwirrung führen.

Mit nur wenigen einfachen Merksätzen können Sie auch kritische Nachrichten erfolgreich an den Mann oder die Frau bringen.

So kommunizieren Sie erfolgreich

- Achten Sie darauf, dass Ihr Gesprächspartner Zeit hat, wenn Sie ihm etwas sagen wollen.
- Achten Sie darauf, dass er oder sie in dem Moment nicht im Stress und womöglich nicht aufnahmebereit ist. Unter Druck neigen viele zu impulsiven Angriffen, um sich zu verteidigen. Das ist nicht hilfreich.

- Wenn Sie jemanden kritisieren, können Sie nicht erwarten, dass er Ihnen sofort zustimmt. Bringen Sie also die gleiche Umsicht auf, wie Sie es andersherum erwarten würden.
- Halten Sie keine endlose Tirade, sondern sprechen Sie über das Wesentliche.
- Ein Klassiker und immer noch wahr: Denken Sie nach, bevor Sie den Mund aufmachen.
- Sollte das Gespräch halbwegs gut gelaufen sein, bedanken Sie sich dafür.

Sollten Sie den Menschen, dem Sie gerade Ihre Meinung sagen, an sich mögen, wäre es nicht schlimm, das auch zu signalisieren. Nur so weiß der andere, dass Sie ihn nicht als Menschen verurteilen, sondern ein bestimmtes Verhalten von ihm kritisieren.

Es gibt praktisch kein Meeting und keine Diskussion, in denen es nichts zu lamentieren gibt und in denen keine Zeit verschwendet wird. Früher langweilte mich nahezu jedes Meeting. Der Huber erklärt ewig irgendwelche Dinge, die sowieso keiner versteht. Die Müller meint es gut und bringt jede Woche die gleichen alten Kamellen auf den Tisch und trotz Protokoll ist oftmals unklar, was zu tun ist. Dabei wäre es so einfach, wenn es eine klare Linie gäbe.

Stellen Sie sich vor Ihrem inneren Auge vor, wie es wäre, wenn es in Besprechungen und bei Vereinbarungen am Ende ein klares Ergebnis gäbe. Jeder wüsste, was er zu tun hat. Jeder hätte verstanden, worum es eigentlich geht. Beim nächsten Mal kümmert man sich um neue Themen, weil die alten erfolgreich bearbeitet wurden. Wäre das nicht wunderbar?

Dann rate ich Ihnen zu SMART. Ein einfaches Modell für effektive Kommunikation und Zielsetzung.

SMART

- *S wie spezifisch, präzise und konkret, wer mit wem*
- *M wie messbar und eindeutig überprüfbar*
- *A wie attraktiv und positiv formuliert*
- *R wie realistisch, umsetzbar und vernünftig*
- *T wie terminiert mit einem klaren Datum und den nötigen Zwischenschritten*

Spezifisch

Beschreiben Sie wirklich genau, was Sie erreichen möchten. Kein Wischiwaschi, sondern glasklar formuliert. Prüfen Sie, ob Sie wirklich voll und ganz dahinterstehen. Wer ist wofür zuständig? Was ist Ihre Aufgabe dabei?

Messbar

„Ich möchte gesünder werden" ist nicht messbar. Stellen Sie klare Kriterien auf, an denen Sie erkennen, dass Sie gesünder leben. Ansonsten werden Sie nie wissen, ob Sie das Ziel erreicht haben. Klare Kriterien können Essgewohnheiten, Gewicht, Blutwerte oder regelmäßige sportliche Aktivitäten (ein-, drei-, fünfmal die Woche) sein.

Attraktiv

Wählen Sie positive Formulierungen, um klar zu machen, was Sie wollen, und nicht, was Sie nicht wollen. „Ich möchte nicht mehr in Hinterhausen wohnen", sagt nichts darüber aus, wo und wie eine Person wohnen möchte. Entwickeln Sie ein attraktives Zielbild mit viel Anziehungskraft. Es muss auf Sie wie ein Magnet wirken.

Realistisch

Nur was Sie selbst beeinflussen können, ist auch realistisch. Ziele, die von anderen abhängig sind, demotivieren und halten von eigenen Aktionen ab. Genau genommen handelt es sich dann um Wünsche und nicht um Ziele. Fragen Sie also: „Was kann ich für das Ziel tun?"

Terminiert

Wenn Sie hinter Ihrem Ziel stehen, steigt die Wahrscheinlichkeit, dass Sie es auch zu einem bestimmten Zeitpunkt erreicht haben. Nennen Sie einen klaren Termin und definieren Sie die nötigen Zwischenschritte. So können Sie permanent überprüfen, ob Sie auf dem richtigen Weg sind.

SMART umsetzen

Nutzen Sie SMART sofort:

- *Was für ein Ziel haben Sie?*
- *Was möchten Sie in Kürze unternehmen?*
- *Welches Meeting wartet auf Aufgabenteilung?*

Beachten Sie dann SMART. Wenn es nicht sofort locker von der Hand geht, bedeutet das, dass es beim zweiten oder dritten Mal umso besser funktioniert.

Mein Tipp:

In der Alltagskommunikation funktioniert SMART genauso hervorragend wie für Zielsetzungen und Meetings. Fragen Sie einfach wer, was, mit wem, bis wann, womit?

Stellen Sie kluge Fragen, statt zu mutmaßen

Manche Dinge sind einfach klar. Da braucht man doch nicht nachzufragen … oder?

Manchmal stellt sich beim Nachfragen allerdings heraus, dass man sich gar nicht verstanden hat, dass man etwas ganz anderes meinte und dabei der Ansicht war, dass die anderen das genauso sehen würden wie wir. Die anderen gehen natürlich vom Gleichen aus.

Um sich vor diesen alltäglichen Irrtümern und den Konsequenzen daraus zu schützen, hilft nur: Nachfragen!

Im Kapitel „Klare Kommunikation reduziert Ärger und macht erfolgreich" haben Sie schon gelernt, was Sie tun können, um sich eindeutig auszudrücken. Jetzt erfahren Sie, mit welchen Fragen Sie andere unterstützen, um zur gleichen Klarheit zu kommen.

Mein Tipp:
Je klüger Sie fragen, umso kompetenter wirken Sie, auch wenn Sie vom Thema gar nicht so viel wissen. Manchmal kann das sehr wertvoll sein.

Eine gute Fragetechnik ist für Profi-Kommunikatoren unglaublich wichtig. Sie ermöglicht es, Problemen auf den Grund zu gehen, Klarheit für die Zukunft zu gewinnen, Informationen zu sammeln, Lösungen zu entwickeln und Lernen zu optimieren. Es kann sich eigentlich niemand leisten, kluges Fragen zu vernachlässigen. Beginnen wir also mit einer Auswahl hervorragender Fragen.

Die zwölf besten Fragen aus dem Meta-Modell der Sprache

- Was genau meinst du mit ...?
- Wie genau meinst du das?
- Was hindert dich daran?
- Sonst passiert was?
- Wer sagt das?
- Woher weißt du das?
- Wirklich immer, alle, jeder ...?
- Was ist das Problem daran?
- Wie lautet die Lösung?
- Was brauchst du, um es zu können?

- Wofür ist das gut?
- Im Vergleich mit wem?

Hier einige einprägsame Beispiele zu diesen Fragen:

Das hat keine Sinn, ich schaffe das nicht!

Was genau macht keinen Sinn? Was hindert dich daran, es zu schaffen? Wer sagt das? Woher weißt du das? Was ist das Problem daran? Wie lautet die Lösung? Was brauchst du, um es zu können? Wofür ist es gut, es nicht zu schaffen? Im Vergleich mit wem schaffst du das nicht?

Es ist nicht gut, seine Gefühle zu zeigen.

Wie genau meinst du das? Sonst passiert was? Machst du das auch so? Ist es wirklich immer nicht gut, seine Gefühle zu zeigen? Woher weißt du das? Wer sagt das? Was ist das Problem, wenn man seine Gefühle zeigt? Wofür ist es gut, seine Gefühle nicht zu zeigen?

Jetzt ein Beispiel in Kombination mit SMART:

Fragetechnik in Kombination mit SMART

Ich kümmere mich darum.

(S) Wie genau kümmerst du dich darum? Um was genau kümmerst du dich? Wer hilft dir dabei?

(M) Woran merkst du, dass du damit fertig bist?

(A) Willst du dich wirklich darum kümmern?

(R) Hast du, was du brauchst, um dich darum kümmern zu können? Kannst du das?

(T) Bis wann wirst du fertig sein? Welche Zwischenschritte sind notwendig?

Hinterfragen Sie folgende Aussagen

- *Keiner kann mir helfen.*
- *Ihr Produkt ist schwer zu verstehen.*
- *Kinder müssen streng erzogen werden.*
- *Es ist schwierig, den richtigen Job zu finden.*
- *Man kann doch nicht einfach machen, was man will.*
- *Ich kann mich nicht entspannen.*

Sie sehen, wie leicht es ist, sofort mehr Klarheit und Präzision in eine Aussage zu bringen. Nutzen Sie diese Fragen reichlich. Sie werden erfolgreich damit sein.

Bitte stellen Sie aber nicht alle Fragen auf einmal, sondern lassen Sie Ihrem Partner Zeit zu antworten.

Auf den Punkt gebracht

Wir lieben es, Klarheit zu haben. Ein menschliches Grundbedürfnis ist Sicherheit. Durch die richtigen Fragen finden wir Antworten, die uns Sicherheit und Halt geben. Derjenige, der uns dazu verhilft, wird automatisch mit Sicherheit und Halt assoziiert, sodass Sie zu einer beliebteren und gefragteren Person als bisher werden. Wenn wir uns selbst diese Sicherheit vermitteln können, werden wir uns auch selbst mehr mögen. Gute Fragen helfen also nicht nur auf inhaltlicher, sondern auch auf psychologischer Ebene.

Spezialfall „Mussinismus"

Das kleine Wörtchen „muss" hat ein bedauerliches Schicksal. Durch den häufigen Gebrauch im deutschen Sprachraum kommt es zwar zu viel Ruhm, muss aber damit leben, fast immer an der falschen Stelle gebraucht zu werden. Zur Freude des Wortes bleibt es durch den unzweckmäßigen Einsatz zwar unbeschadet, der Wortführer darf aber nicht auf mildernde Umstände hoffen. Er baut sich einen hohen inneren Druck auf, ohne je geprüft zu haben, ob dieser ein realer oder nur frei erdachter ist.

Worte können sehr viel Macht entfalten. Nicht nur nach außen sollten wir sie mit Bedacht wählen, sondern umso mehr, wenn wir sie in Bezug auf uns selbst verwenden. Deshalb hat das Wort „muss" im NLP einen besonderen Platz gefunden.

> *Weshalb meint Hilde, tausend Dinge zu erledigen, Georg sich um Theresa kümmern und Axel erfolgreich sein zu müssen? Welcher Anspruch steht dahinter? Was ist es, das uns in einen Strudel der Zwänge treibt, der uns permanent in die Tiefe zu ziehen droht?*

Nichts prägt uns mehr als unsere Umgebung. Bei uns ist es Tradition zu funktionieren, perfekt und leistungsbereit zu sein. Wir versuchen nichts anderes, als zu funktionieren. Es geht darum, einem Anspruch gerecht zu werden, den wir uns unbewusst selbst auferlegen. Im Hinterkopf haben manche den Gesichtsausdruck der Eltern, die mit strengem Blick die Leistungen der Abkömmlinge begutachten und allenfalls mit einem „geht doch" einen Erfolg loben.

Ein anderer glaubt nicht an seine Fähigkeiten und versucht, der Welt zu beweisen, was er nicht alles leisten kann. Das Leistungsprinzip greift dabei nicht nur in der Schule oder Arbeit, sondern auch in den alltäglichen Dingen des Lebens: Waschen, kochen, bügeln, freundlich und gerecht sein, nebenbei noch Kinder kriegen, Beziehung, Freundschaften und auch Hobbys pflegen, die Eltern nicht vernachlässigen und die Gesundheit mit Vitaminen, Sport und Ernährung hegen. Wie in einer TV-Serie ein perfektes Leben präsentieren.

Wie auch im Fernsehen ist das aber leider nur vor der eigenen Haustüre so, während es dahinter ganz anders aussieht. Ab einem bestimmten Alter lassen unsere Kräfte nach und die Fassade beginnt zu bröckeln. Mit viel Schminke und guter Miene zum bösen Spiel wird kaschiert, bis der Lack dann eines Tages doch ab ist. Interessanterweise ist dieses Muster quer durch alle Berufsgruppen und Altersklassen anzutreffen. Ich hoffe, dass Sie weitaus weniger davon betroffen sind als viele meiner Coaching-Klienten.

Da dieser niemals erreichbare und fiktive Maßstab ganz schön belastend ist, suchen wir Auswege, um damit besser klarzukommen. Dass diese nicht unbedingt die gesündesten sind, ergibt sich von selbst.

Dave entwickelt sich zum Narzissten, um in seiner Erhabenheit den Schein des Perfekten zu wahren. Nicole betreut die Patienten so hingebungsvoll, dass sie selbst eines Tages professionelle Hilfe braucht und Felix läuft dem Glück mit Drogen hinterher.

Gut, wer dann wahre Freunde hat. Doch gerade solche Menschen wie aus dem Beispiel oben tun sich naturgemäß mit auf tiefem Vertrauen basierenden Freundschaften schwer. Und erst in der Krise stellt sich der wahre Wert einer Freundschaft heraus. Schönwetterfreunde verdrücken sich, die Loyalen bleiben einem auch im Streit oder in schweren Zeiten erhalten. Danken Sie es ihnen.

Mein Tipp:

Überlegen Sie mal, ob Sie es wirklich jedem recht machen müssen und wer welchen Platz in Ihrem Leben einnehmen soll.

Also, stellen Sie das Muss infrage! Sie werden staunen, wie wenig Sie wirklich müssen! Zur Erheiterung hier ein kleiner Merksatz:

Ich muss das Wörtchen muss nicht müssen und müsste ich müssen müssen, müsste ich das Müssen schnellstens küssen, sodass es nicht mehr müssen müsste.

Sich von Zwängen befreien

Durchforsten Sie Ihr Leben nach Zwängen.

Fragen Sie dann:

- *Muss ich oder will ich das?*
- *Gibt es etwas, das mich hindern könnte, es jetzt und sofort zu beenden?*
- *Wie wird es mir gehen, wenn ich mich davon befreit habe?*

Beginnen Sie dann, zu verzichten und „Good-bye" zu sagen.

Mein Tipp:

Achten Sie im Alltag darauf, wie oft Sie und andere die Wörter „müssen, darf nicht, kann nicht" verwenden. Fragen Sie dann folgendermaßen: Was würde passieren, wenn du es doch machst? Auf die Antwort fragen Sie: Und was macht das? Ist das wirklich so oder ist das nur eine Vermutung?

Meta-Programme – unsere Denk- und Handlungsmuster

- *Jedes Jahr der gleiche Ärger. Simone erklärt Peter, wie sie sich den Urlaub vorstellt. Sie greift nach dem Reiseführer und plant voller Vorfreude die einzelnen Urlaubstage durch. Am ersten Tag möchte sie in Ruhe ankommen, die Gegend etwas erkunden und schön essen gehen. Mehr soll es nicht sein. Am zweiten Tag sieht sie sich mit Peter beim Shoppen und am Abend im Theater. Am dritten Tag ist der Strand das Objekt ihrer Begierde. So gut vorbereitet kann der Urlaub nur ein Erfolg werden. Doch Peter spielt da leider nicht mit. Er mag es nicht, wenn schon im Voraus alles geplant ist. Er möchte lieber vor Ort improvisieren. Schließlich ärgert er sich in seiner Firma schon genügend mit den Projektabläufen rum. Denn auch dort, findet er, sollte es viel mehr Spielräume geben und nicht so streng definierte Prozessabläufe. Simone erklärt ihm zwar immer wieder, welchen Nutzen diese für ihn haben, aber das interessiert Peter nicht.*

- *Judith möchte sich selbstständig machen. Sie ist hoch motiviert, kommt aber nicht voran. Ihr fehlt jemand zum Austausch. Alles allein zu recherchieren, allein zu bewerten und allein umzusetzen ist nicht ihr Ding. Sie hat lieber Leute um sich herum. Deshalb möchte sie ja auch in einen Beratungsberuf. Doch unglücklicherweise ist gerade ihre Berufsgruppe von freiberuflichen Einzelkämpfern geprägt. In der alten Firma war sie ausgezeichnet im Teamplay. Sollte sie nach Gleichgesinnten suchen, denen es ähnlich geht wie ihr?*
- *Wenn Fred kocht, freut sich Martina. Denn dann gibt es etwas Gutes zu essen. Leider kommt das aber viel zu selten vor. Denn wenn Fred kocht, dann richtig. Es muss alles bis ins kleinste Detail stimmen. Der Fenchel muss frisch vom Markt sein, der Fisch quasi aus dem Teich gesprungen und der Wein kommt nur in der perfekten Temperatur auf dem Tisch. Während des Dinners sollte Martina ihn dann nach Kräften loben, während er ihr erklärt, was das Geheimnis des Rezepts ist. Sie würde sich zwar lieber ohne die ganzen Informationen auf das Essen konzentrieren, aber schließlich will sie ja nicht undankbar sein und hört sich alles ganz genau an.*

Haben Sie schon verstanden? Menschen ticken unterschiedlich. So weit dürfte Ihnen das schon bekannt sein. Mit den Meta-Programmen lernen Sie nun zu erkennen, wie genau sie ticken. Es gibt nämlich eine Struktur hinter den Eigenheiten der Menschen. Kennen Sie diese Struktur, optimieren Sie Ihre Kommunikations- und Führungsfähigkeit kinderleicht.

Meta-Programme sind Denk- und Handlungsfilter. Sie beschreiben, wie wir die Welt wahrnehmen, intern verarbeiten, Schlüsse ziehen und uns nach außen benehmen.

Schauen wir uns dazu einige dieser Meta-Programme genauer an.

Meta-Programme

Vorgehensweise	Optional	Prozedural
Arbeitsstil	Team	Single
Ergebnis	Perfektion	Optimierung
Informationen	Detail	Überblick
Motivation	Hin zu	Weg von
Referenzrahmen	Intern	Extern
Aufmerksamkeit	Bei sich	Bei anderen
Stressverhalten	Rational	Emotional
Beziehung	Gleichheit	Unterschied
Aktivität	Aktiv	Reaktiv

Meta-Programme erkennen

- *Lesen Sie nochmals die Beispiele am Kapitelanfang durch. Welche Meta-Programme können Sie erkennen?*
- *Überlegen Sie, welche Meta-Programm-Ausprägungen Sie haben.*
- *Lesen Sie ein Buch oder schauen Sie einen Film oder eine Talkshow. Welche Ausprägungen erkennen Sie?*

- *Kommunizieren Sie so, dass Sie die Meta-Programm-Ausprägung Ihres Partners ansprechen.*

Lernen Sie durch die Meta-Programme, sich und andere besser kennen und verstehen. Genau diese Meta-Programme sind es, die häufig zu Missverständnissen und Irrtümern führen. Der eine denkt, der andere sei nicht an ihm interessiert, wenn er nicht alle Details einer Geschichte hören möchte. Dabei liegt es nur an unterschiedlichen Meta-Programmen, die zu Fehlurteilen führen.

Wird ein Optionaler zu einem prozeduralen Vorgehen gedrängt, fühlt er sich in höchstem Maße unwohl. Andersherum ist es das Gleiche. Achten Sie also darauf, was ein anderer Mensch bevorzugt, um sich darauf einzustellen. Alles andere ist eine Qual für beide. Denn es gibt kein richtig oder falsch, sondern nur unterschiedliche Persönlichkeiten.

Vorgehensweise

Optionale möchten flexibel vorgehen und spontan entscheiden können. Prozedurale brauchen einen klaren Ablauf, um eine Sache zu erledigen.

Arbeitsstil

Teamplayer tun sich allein sehr schwer. Sie blühen in der Gemeinschaft auf. Einzelkämpfer können sich in einer Gruppe nicht so gut entfalten, um eine Aufgabe zu erledigen. Beachten Sie das bei den Hausaufgaben Ihrer Kinder: Sind sie Teamplayer, sollten Sie Ihren Nachwuchs nicht alleine sitzen lassen. Wie wäre es mal mit einer Hausaufgabenparty?

Ergebnis

Perfektionisten möchten das maximal Mögliche hervorbringen. Der Optimierer wird dabei verrückt, weil er den Sinn darin nicht mehr erkennen kann. Er ist deswegen kein Schlendrian, sondern schon früher zufrieden. Je nach Aufgabe ist das eine oder andere nützlicher.

Informationen

Die einen kommen ohne Detailinformationen nicht aus, den anderen wird es bald zu viel. Sie wollen das große Ganze überblicken und verlangen Details nur nach Rücksprache. Ein Chirurg sollte detailorientiert sein, ein Teamleiter den Überblick bevorzugen, da er sich sonst verzettelt.

Motivation

„Hin zu" bedeutet, dass die Aussicht auf etwas Schönes zur Handlung motiviert. „Weg von" greift, wenn die Angst vor den Konsequenzen groß genug ist, um aktiv zu werden.

Referenzrahmen

Was meinst du dazu? Braucht jemand für eine Entscheidung die Meinung einer anderen Person, bevorzugt sie eine externe Referenz. Wer lieber allein entscheidet, ist „intern". Mischformen sind hier sehr häufig.

Aufmerksamkeit

Die Aufmerksamkeit kann in zwei Richtungen gehen: Im einen Fall ist man mehr für die eigenen Bedürfnisse empfänglich, im anderen Fall mehr mit anderen beschäftigt.

Stressverhalten

Das Muster des Stressverhaltens ist sehr leicht zu erkennen. Behält jemand die Ruhe in kritischen Situationen und er ist in der Lage, rational zu handeln, ist das das Gegenteil von einer rein emotionalen Reaktion.

Beziehung

Erkennt jemand sofort die Gemeinsamkeiten, sagt er, „Das ist ja wie ...". Der Unterschiedsorientierte meint dazu, „Nein, das kann man nicht vergleichen, weil ..." Ist hier der Unterschied zwischen zwei Personen sehr groß, werden sie wohl kaum miteinander klarkommen.

Aktivität

Wartet jemand ab, bis ein anderer die Initiative ergreift, oder legt er selbst los? Aktiv und Reaktiv können sich sehr gut vertragen. Sie stellen eine Symbiose dar. Ist aber der Aktive mit der Aufmerksamkeit zu sehr bei sich, kann es passieren, dass sich der Reaktive zu wenig gewürdigt fühlt.

Natürlich wäre es am besten, wenn wir bei allen Meta-Programm-Ausprägungen so flexibel wären, dass wir sie je nach Anforderung spontan wechseln könnten. Das ist aber eine Illusion bzw. nur mit sehr viel Übung möglich – und selbst dann hätten wir sicher noch unsere persönlichen Vorlieben. Das ist auch gut so, denn Menschen sind Individuen und keine Maschinen, die beliebig programmierbar sind. Das sollten Sie bei Ihren Ansprüchen an sich und andere berücksichtigen.

Auf den Punkt gebracht

Meta-Programme sind Wahrnehmungsfilter, Denk- und Handlungsmuster und ein Teil unserer individuellen Persönlichkeit. Diese Muster sind nicht immer gleich, sondern passen sich an unterschiedliche Rahmenbedingungen an.

Kennen Sie die Meta-Programme einer Person, können Sie Ihre Kommunikation und Ihr Verhalten darauf abstimmen, um eine maximale Wirkung zu erzielen. Praktisch überall, wo Kommunikation wichtig ist, sind sie einsetzbar. Das Wissen um die eigenen Meta-Programme hilft Ihnen, sich selbst besser einschätzen und z. B. bei der Berufswahl orientieren zu können.

Da Meta-Programme normalerweise unbewusst sind, lassen sie sich schwer verändern. Sobald Sie aber mit ihnen umzugehen wissen, gewinnen Sie an Flexibilität und Handlungsmöglichkeiten.

Unterbrechen Sie das Retter-Täter-Opfer-Spiel

Robin Hood, der Retter der Entrechteten, greift zu Pfeil und Bogen, um die Menschen vor dem bösen Tyrannen zu retten. Fürwahr, eine löbliche Mission! King Kong schnappt sich die schöne Frau und verschleppt sie in den Dschungel, die Retter eilen zur Befreiung. Die beiden Geschichten, beschreiben klassische Dreiecksbeziehungen, wie sie in Film und Literatur zuhauf anzutreffen sind. Diese archetypische Konstellation gibt es aber auch im wirklichen Leben. In Familien, Geschäftsbeziehungen und Freundschaften sind sie tagtäglich allgegenwärtig.

Eine Frau empfindet sich als Opfer in der unerfüllten Ehe, ihr egoistischer Gatte wird als Täter definiert und als Retter tritt der Liebhaber auf die Bühne. Kaum hat die Affäre ihren Lauf genommen, wird der Liebhaber zum Täter, die Ehefrau zur Retterin des einsamen Liebhabers und der gehörnte Ehemann zum Opfer. Die Akteure tauschen die Rollen – und das kann mehrfach passieren. Erschlägt der Mann, jetzt Täter, den Geliebten, nun Opfer, kommt die Frau als Retterin zu spät.

Solche Rollenspiele kommen auch mit zwei Personen aus. Er möchte ihr Tennis beibringen, damit er eine Spielpartnerin hat. Er spielt den Retter und macht sie zum Opfer seiner Bedürfnisse. Da er sie auch noch selbst unterrichten will, wird er schnell beginnen, sie zu kritisieren. Ein Rollenwechsel vom Retter zum Täter findet statt. Bleibt sie konsequent in der Opferrolle, wird sie klein beigeben und seinen Anweisungen, so gut es geht, gerecht werden. Wird sie rebellisch, zwingt sie ihn in die Opferrolle und agiert als Täterin. Sie sehen: Die Rollen können schnell gewechselt werden.

Grundsätzlich haben alle Rollen ihre Berechtigung. Wir kommen ohne sie nicht aus. Schwierig wird es, wenn das Spiel kein Ende nimmt, jemand nicht mehr bereit ist, seine ursprüngliche Rolle beizubehalten oder die Abhängigkeiten psychische und physische Schäden zur Folge haben.

Rollen erkennen

Wer ist in welcher Rolle?

- *Ein Dieb lässt im Geschäft etwas mitgehen, doch die Polizei fasst ihn.*
- *Der Kunde droht dem Händler mit einer Sperre der Zahlungen. Der Geschäftsführer eilt los, um zu schlichten.*
- *Ein Coach kommt zu einer Fortbildung und ist enttäuscht, dass so wenig Kollegen dort sind. Eine Teilnehmerin tröstet ihn.*

Wenn Sie jemanden sehr gerne haben und dieser Mensch das ausnutzt, erleben Sie sich als Opfer. Irgendwann halten Sie es nicht mehr aus und werden traurig. Sie sind immer noch in der Opferrolle. Danach kommt die Wut, dass es so doch nicht weitergehen kann. Nun sind Sie zum Retter Ihrer selbst geworden. Sind die Emotionen sehr intensiv, folgt nun womöglich Hass. Jetzt wollen Sie es dem anderen so richtig zeigen. Sie sind nun in der Täterrolle angekommen.

Opfer

Das Opfer ist bereit, etwas zu erdulden. Opfer machen andere dafür verantwortlich, dass sie sich so schlecht fühlen. Sie gehen davon aus, dass nur andere etwas an ihrer Situation ändern können. Wer dauerhaft in dieser Position verharrt, wirkt kraftlos, leidend und hilflos. Das Opfer sucht nach Rettern, die aber auch nicht helfen können, und gibt die Selbstverantwortung ab. Opfer suchen Täter und warten auf Retter.

Täter

Sie werden auch „Verfolger" oder „Ankläger" genannt. Täter suchen Opfer. Doch nicht, um diese zu retten, sondern um die eigenen Bedürfnisse durchzusetzen. Natürlich weiß der Täter auch genau, was wann zu tun ist, und welche Lösungen die richtigen sind. Daher sind Täterpersönlichkeiten rechthaberisch, strafend, grenzüberschreitend und provokant. Nur Opfertypen fühlen sich davon angezogen.

Retter

Retter sind aktiv und übernehmen die Verantwortung für die Probleme der Opfer. Sie glauben, dass andere ihre Probleme nicht selbst lösen können und fühlen sich ähnlich überlegen wie Täter. Retter sind ohne Opfer verloren, da ihnen ohne sie der Sinn des Lebens entgleitet. Retter neigen dazu, die Dinge an sich zu reißen. Sie können selbstüberschätzend, besserwisserisch und aufopfernd sein.

Anderen Menschen zu helfen, ist natürlich richtig. Genauso wichtig ist es aber auch, dass wir aufpassen, nicht zu Opfern oder Tätern zu werden.

Erkennen Sie Ihre Rollen

Überprüfen Sie sich:

- *In welchen Situationen neigen Sie zur Opferrolle?*
- *In welchen Situationen neigen Sie zur Täterrolle?*
- *In welchen Situationen neigen Sie zur Retterrolle?*
- *Wofür ist es gut, in diesen Rollen zu sein?*
- *Was hält Sie davon ab, es sein zu lassen?*
- *Sind die Antworten auf die letzte Frage wirklich vernünftig oder nur eine überflüssige Rechtfertigung?*

Wie kommt es, dass wir solche Spiele spielen?

Eine NLP-Grundannahme lautet, dass wir uns immer so verhalten, wie wir es in einer Situation für am besten halten. Früher, als Kinder, haben wir experimentiert, welche Verhaltensmuster zur Erfüllung unserer Wünsche führen. Möglicherweise jammerten wir bei der Oma, um von ihr gerettet zu werden. Beim kleinen Bruder setzten wir uns als Täter mit dem nötigen Druck durch und die Eltern lobten einen, wenn wir hilfsbereit waren. So ausgebufft sind viele vorgegangen, sodass sie als Erwachsene schnell in einzelne Rollen schlüpfen können.

Andere Kinder haben sich auf einzelne Rollen spezialisiert und daraus einen Lebensstil gemacht. Damit schaden wir uns dauerhaft und sollten schleunigst schauen, wie wir da herauskommen.

Mit „Schluss mit lustig" schaffen Sie es, aus dem Drama-Dreieck auszusteigen und Ihre Rolle aufzugeben. Dadurch entsteht neue Freiheit und Flexibilität. Ich will Sie jedoch warnen: Sollten Sie ein Profi-Spieler sein, wird es in Ihrer Umwelt zu einigen Erschütterungen kommen, wenn Sie plötzlich Ihre Rolle aufgeben. Auf Dauer lohnt sich das aber bestimmt. Es ist der Einstieg in ein selbstbestimmteres Leben. Sie sollten es sich wert sein.

Schluss mit lustig!

- *Ganz einfach: Halten Sie sich raus! Spielen Sie nicht mit, halten Sie den Mund.*
- *Verzichten Sie auf die Belohnung. Auf Dauer zahlen Sie bei jeder Belohnung (Anerkennung, Aufmerksamkeit, Schutz) drauf.*
- *Fragen Sie sich, weshalb Sie mitspielen. Was ist der Sekundärgewinn? Suchen Sie sich, wenn nötig, einen Coach, der Ihnen bei der Suche nach einer Antwort hilft.*
- *Suchen Sie nach Alternativen. Übernehmen Sie Verantwortung für sich.*
- *Reagieren Sie paradox, indem Sie keine passende Rolle, sondern genau die Gleiche Ihres Mitspielers einnehmen. Das führt häufig zu Irritation und zu einer Unterbrechung des Spiels.*

Falls es Ihnen zu schwerfällt, Ihre Rolle aufzugeben und Sie darunter sehr leiden sollten, empfehle ich Ihnen, darüber nachzudenken, ob Sie mit professioneller Hilfe daran arbeiten möchten.

Haben Sie zu viele Bedenken vor den möglichen Konsequenzen einer Veränderung, ist das auch in Ordnung. Sie sollten es sich dann nur eingestehen, dass es so ist.

Auf den Punkt gebracht

Die Rollenmuster des Drama-Dreiecks sind aus der Kindheit in die Erwachsenenwelt übernommen worden. Sie repräsentieren eine Reihe von Glaubenssätzen über die beste Art, sich in der Welt zu orientieren, und haben damit unsere Persönlichkeit geprägt.

Eine gute Wahrnehmungsfähigkeit – eine Kernkompetenz guter NLP-Anwender – hilft, früh zu erkennen, wer welche Rolle einnimmt bzw. wer uns in eine bestimmte Rolle drängen will.

Erfolg beginnt im Kopf

Der Mythos von der Wirklichkeit

„Die Wissenschaft hat festgestellt ..." – diese Aussage reicht meist schon, um die meisten von uns in der gewünschten Art und Weise zu manipulieren. Was früher die Religion war, ist heute die Wissenschaft. Sie muss einfach stimmen.

Dem aufmerksamen Beobachter müsste inzwischen aber aufgefallen sein, wie oft sich die Wissenschaft korrigiert. Wenn etwas wissenschaftlich nachweisbar ist, dann ist es die Fehlbarkeit wissenschaftlicher Ergebnisse. Sie können heute in jedem Buchhandel Literatur über Wissenschaftsirrtümer kaufen.

Speziell im Bereich der Medizin ist das enorm. Nehmen wir Rückenleiden. Früher galt eine Operation bei Bandscheibenvorfällen als unausweichlich. Heute erfahren wir, dass die meisten Operationen nicht nur überflüssig, sondern auch noch schädlich waren. Von den Schmerzen, dem umsonst aufgewendeten Geld und der Gefährdung der Gesundheit der Patienten ganz zu schweigen.

Wie gerne wir unseren Verstand an der Garderobe abgeben, lässt sich leicht an alltäglichen Dingen beobachten. Über Jahrzehnte wurde uns gesagt, dass Kaffee dem Körper Wasser entzieht. Nach dieser Logik müssten jährlich tausende von Menschen verdursten, da es sehr viele Kaffeetrinker gibt, die so gut wie kein anderes Getränk zu sich nehmen. Dem ist aber nicht so.

Es scheint auch ein Gen für Aberglauben zu geben. Es spricht auf Wiederholungen an. Wird eine Unwahrheit häufig genug behauptet, so nehmen wir sie als wahr an.

Dass Wähler der Grünen per se besonders umweltbewusst sind, ist ebenfalls ein Mythos. Natürlich gibt es sehr umweltbewusste Grünen-Wähler. Grünen-Wähler sind aber häufig Lehrer, Angestellte oder Beamte des öffentlichen Dienstes und haben ein höheres Einkommen als Otto-Normalverbraucher. Ihr Lebensstil ist daher aufwendiger und somit umweltschädlicher.

Viele Glaubenssätze, die wir über uns haben, sind von anderen Menschen übernommen. Andere haben zu uns gesagt: „Du bist zu jung, um das lernen zu können", „Du bist nicht klug genug, um das machen zu können", „Du bist zu faul". Wenn wir solche Sätze als Kinder oder Erwachsene oft genug gehört haben, entsteht ein unreflektiertes Selbstbild. Selbst wenn uns kein anderer so etwas sagt, hören wir bei entsprechenden Situationen im Inneren, auf bewusster oder unbewusster Ebene, immer wieder diese Sätze. Dabei entsteht ein Gefühl, das dem des Kindes, das wir einmal waren, entspricht. Meistens handelt es sich dabei um Empfindungen wie Hilflosigkeit, Resignation, Wut oder Minderwertigkeit. Beginnen wir jetzt, diese Sätze loszuwerden.

Eingaben austauschen

Nutzen Sie diese Technik für Sätze, die Ihnen einst von einer anderen Person „eingeflößt" wurden.

- *Wo hören Sie diese Stimme? Innerhalb Ihres Kopfes oder außerhalb?*

- *Sprechen Sie diesen Satz einmal laut – z.B. „Sei nicht so vorlaut!"*
- *Greifen Sie diesen Satz mit Ihrer Hand und führen Sie diese zu Ihrem Kehlkopf. Wiederholen Sie diesen Satz in der Ich-Form mit der Hand am Kehlkopf: „Ich soll nicht so vorlaut sein."*
- *Wie wirkt diese Stimme jetzt?*
- *Sprechen Sie einen neuen Satz, der zum Thema passt und besser für Sie ist – ebenfalls in Ich-Form: Ich bin nicht vorlaut, sondern engagiert!"*
- *Führen Sie Ihre Hand an die Stelle des Ursprungsortes des alten Satzes und wiederholen Sie den neuen Satz noch einmal laut.*

Viele Glaubenssätze lassen sich auf diese Art verändern. Sollte es nicht funktionieren, versuchen Sie es ein zweites Mal. Alternativ könnten Sie die Fragetechnik des Meta-Modells einsetzen:

Zwei Beispiele für den Umgang mit Glaubenssätzen mithilfe des Meta-Modells

Ein Freund kam vor einiger Zeit zu mir und sagte: „Ich komme bei Frauen nicht gut an." – Ein anscheinend tief sitzender Glaubenssatz. Früher hätte ich mit ihm diskutiert und ihn vom Gegenteil überzeugen wollen. „Aber du hast doch schon mehrere Freundinnen gehabt und die Julia findet dich auch sehr nett. Ich erkenne nicht, was dein Problem ist."

Doch jetzt frage ich: „Bei welcher Frau kommst du nicht gut an?" Er antwortet: „Bei Katrin." „Ich verstehe, bei einer bestimmten Frau kommst du nicht gut an. Das beruhigt mich. Woran erkennst du, dass du nicht gut bei ihr ankommst?" „Immer wenn ich mit ihr reden möchte, hat sie keine Zeit für mich." „Wirklich immer?" „Na ja, letzte Woche war das zweimal so." „Bedeutet das, wenn sie zweimal keine Zeit hat, dass sie sich dann keinesfalls für dich interessiert?" „Natürlich nicht. Vielleicht habe ich einfach den falschen Zeitpunkt gewählt:" „Wie kannst du das nächste Mal dafür sorgen, dass es der richtige Zeitpunkt ist?" „Ich könnte darauf achten, dass sie nicht so beschäftigt ist, wenn ich sie das nächste Mal anspreche. Beim letzten Mal war sie schon sehr in Eile." „Na dann viel Freude dabei!"

Ein Verkäufer beschwert sich, dass die Kunden sich nicht entscheiden können. Ich frage ihn: „Wozu können sich die Kunden nicht entscheiden?" „Das neue Produkt zu kaufen". „Weshalb können sich die Kunden nicht entscheiden, das neue Produkt zu kaufen?" „Sie sagen, dass sie noch nicht alle Details geprüft haben." „Welche Details haben sie noch nicht geprüft?" „Das weiß ich nicht." „Haben Sie schon gefragt?" „Nein, das wäre zu aufdringlich" „Woher wissen Sie, dass das zu aufdringlich wäre?" „Ich bin da etwas gehemmt und habe Angst, dass ich unhöflich wirke und dann eine Abfuhr bekomme." Seine behindernden Glaubenssätze sind also: „Angst davor, unhöflich zu sein und eine Abfuhr zu bekommen" und „Wenn ich nachfrage, bin ich aufdringlich".

Ich frage ihn: „Angenommen Sie wissen, wie Sie äußerst höflich nachfragen können und damit sogar besonders kompetent wirken. Würden Sie es sich dann trauen?" „Wissen Sie, ich hatte mit so was schon immer meine Schwierigkeiten." Jetzt erklärte mir der Verkäufer sein eigentliches Problem, das nichts mit seinem Job im Vertrieb zu tun hatte, sich dort aber massiv auswirkte. Die Ursache war, dass er von seinen Eltern gescholten wurde, wenn er anderen

Leuten Fragen stellte: „Das gehört sich nicht. Halte dich zurück und sei nicht unhöflich.“ Es galt also schon als unhöflich, nur eine Frage zu stellen. Kein Wunder, dass der arme Mann sich in seinem Verkäuferberuf schwer tat. Mittels einer weiteren Coaching-Einheit konnte ich dem Mitarbeiter helfen, die schlechten Erfahrungen von früher von den Aufgaben des heutigen Jobs zu trennen. Inzwischen kommt er bei den Kunden wesentlich besser an. Das zeigt sich auch in seiner Grundstimmung, die sich positiv auf das Betriebsklima und den Verkauf auswirkt.

Auf den Punkt gebracht

Glaubenssätze sind Überzeugungen, die jemand über sich und die Welt um sich herum hat. Sie sind grundsätzlich notwendig, damit wir uns in der Welt zurechtfinden können. Niemand weiß alles! Und dennoch müssen wir häufig in der Lage sein, auf etwas zu reagieren, ohne wirkliches Wissen über den Sachverhalt zu haben.

Glaubenssätze sind also wichtig, weil sie unsere Handlungsfähigkeit aufrechterhalten. Manche Glaubenssätze hindern uns allerdings daran, unsere Ziele zu verwirklichen, da wir meinen, dass wir etwas nicht können oder etwas unmöglich ist. Dann gilt es, sie zu überprüfen und gegebenenfalls schleunigst positiv zu verändern.

Wieso wir Glaubenssätze haben

Permanent nehmen unsere Sinne riesige Datenmengen auf. Damit wir nicht überfordert werden, wird das Meiste davon unbewusst verarbeitet. Man stelle sich vor, beim Einkaufen im Supermarkt würden uns all die Produkte im Regal gleichzeitig bewusst sein. Vielleicht wäre es uns dann nicht mehr möglich, vom Süßigkeitenregal wegzukommen.

Es ist nicht sinnvoll und auch unmöglich, sich permanent alles zu vergegenwärtigen. Deshalb haben wir eine Reihe von Filtern, die Informationen und unterschiedlichste Erfahrungen zusammenfassen. Dieser Prozess wird „Generalisierung" genannt. Informationen, die nicht zur Generalisierung passen, werden getilgt oder verzerrt.

Einige dieser Filter sind genetisch bedingt, wie die maximale Informationsmenge, die wir zu einem Zeitpunkt aufnehmen können, oder die Begrenzung der Belastungsfähigkeit. Andere wurden durch Modelle wie Eltern, Schule, Kultur oder Umfeld erlernt und durch eigene Erfahrungen verfestigt. Das Verhalten anderer Personen beurteilen wir durch solche Filter.

Auf dieser Informationsbasis haben wir unsere Glaubenssätze gebildet. Sie beschreiben unsere Einstellung, Werte und Vorannahmen, mit denen wir durch die Welt gehen. Sie wirken wie ein interner Filter, mit dem wir die Wirklichkeit durchforsten.

Unterhalten wir uns mit jemandem, können wir danach nicht alles wiedergeben. Zum einen erinnern wir uns nicht mehr an alles und zum anderen wäre die Beschreibung zu detailreich, um noch sinnvoll zu sein. Erzählen wir von einem schönen Abend, werden wir nicht jedes Detail des Raumes, jedes einzelne Lied und jedes Kleidungsstück der Besucher beschreiben. Wir werden eine mehr oder weniger vollständige Beschreibung des subjektiven Erlebens wiedergeben.

Da diese Erlebnisse unsere Meinung prägen, wirken sie auch auf unser Verhalten, denn wir benehmen uns immer so, wie wir es in diesem Moment für richtig halten. Das wirkt sich direkt auf unsere Umwelt aus. Sie spiegelt uns unsere Erwartungen wider.

Wie unsere Glaubenssätze die Außenwelt beeinflussen – und umgekehrt

- *Eine Freundin hält sich für unwiderstehlich. Sie flirtet gerne und das nicht zu knapp. Damit kommt sie bei einigen Männern sehr gut an und bei anderen nicht. Da sie von ihrer Attraktivität überzeugt ist, hat sie jede Menge Spaß dabei und freut sich über ihre Verehrer. Sie fühlt sich in ihrer Selbsteinschätzung bestätigt und kann leicht über die Ausnahmen, die gar nicht so wenige sind, hinwegsehen. Sie nimmt nur die Erfolge war und lebt äußerst glücklich damit.*
- *Ein Trainerkollege hat Schwierigkeiten, zu einem guten Preis Seminare an Firmen zu verkaufen. Er ist überzeugt, dass der Markt nicht mehr hergibt. Ungeachtet dessen, weiß er zwar, dass es genügend Trainer gibt, die wesentlich mehr als er verdienen, aber das veranlasst ihn nicht, seine Meinung zu ändern. Einmal hat er es versucht und ist in der Verhandlung gescheitert. Da er unsicher war, können Sie sich vorstellen, wie sich das auf seine Körpersprache und Stimme ausgewirkt hat. Er war nicht überzeugt davon, den höheren Preis wert zu sein.*

Beide Fälle von meiner Freundin und dem Kollegen haben eines gemeinsam: Sie hatten eine bestimmte Überzeugung, Glaubenssatz genannt, und haben eine Realität produziert, die dieser Überzeugung entspricht. Der Fachmann spricht von einer „selbsterfüllenden Prophezeiung".

Manche psychologischen Richtungen mutmaßen sogar, dass das ganze Leben als sich selbsterfüllende Prophezeiung abläuft. Die wichtigsten Entscheidungen unserer Vorprogrammierung wurden demnach in sehr jungen Jahren gefällt.

Aus meiner Erfahrung in den NLP-Professional-Ausbildungen kann ich zumindest bestätigen, dass wohl mehr als ein Fünkchen Wahrheit dran zu sein scheint. Im selben Atemzug möchte ich aber darauf hinweisen, dass wir in der Lage sind, uns zu verändern, und kein Programm für die Ewigkeit gültig bleiben muss. Allerdings geschieht die Veränderung nur selten von selbst, sondern bedarf der Bereitschaft zur Veränderung. Neben dem Wunsch, ihre kommunikativen Fähigkeiten zu verbessern, ist das einer der Hauptgründe, weshalb Menschen aus allen Bereichen in meine Seminare kommen.

Wie Sie Ihre Kräfte leicht mobilisieren

Tini und Toni hatten drei Probleme. Tini fand, dass Toni zu wenig zuhörte, Toni, dass Tini nicht aufhörte zu reden, und beide waren sich einig, dass ihr gemeinsames Geschäft zu wenig abwirft. Nachdem Tini und Toni die beiden ersten Probleme mithilfe der Meta-Programme lösen konnten, blieb das dritte noch ungelöst.

Bei dem Pärchen stellte sich nun ein mir vertrauter Effekt ein. Sie vergaßen die gelösten Probleme und waren sich nur noch der Absatzprobleme bewusst. Das wäre ja nicht weiter tragisch, wenn sie nicht der Meinung gewesen wären, dass sie ihre Probleme nicht lösen können. Das wirkte sich auf ihr Selbstvertrauen aus.

Wir alle haben die Tendenz, nur das wahrzunehmen, was noch ungelöst und schwierig ist. Unsere Erfolge vergessen wir dabei leider allzu schnell. Klar, Tini und Toni erleben ihre gelösten Probleme nicht mehr als Probleme und merken somit auch nicht, dass sie schon gelöst sind.

Damit Ihnen nicht das gleiche Schicksal droht, rate ich Ihnen, sich heute mal Ihre Erfolge bewusst zu machen. Die großen, aber auch die kleinen Erfolge.

Ressourcen-Pool

- *Welche Highlights hatten Sie in Ihrem bisherigen Leben?*
- *Welche Highlights erwarten Sie für die Zukunft?*
- *Wie können Sie weitere Highlights kreieren?*
- *Welche Probleme haben Sie bisher erfolgreich gelöst?*
- *Wie haben Sie diese Probleme gelöst?*

- *Wie werden Sie in Zukunft Probleme lösen?*
- *Welchen Stärken haben Sie?*
- *Was mögen andere an Ihnen besonders gerne?*
- *Was sind Ihre größten Erfolge im Leben?*

Schreiben Sie Ihre Antworten auf, damit Sie bei Bedarf darauf zurückgreifen können.

Mit so einfachen Mitteln wie dem Ressourcen-Pool können Sie Ihren Kopf in Richtung Erfolg programmieren. Gerade wenn es uns nicht so gut geht, haben wir wenig Zugriff auf unsere Ressourcen. Dann ist es umso besser, wenn sie schnell abrufbar sind. Die Schriftform hilft hier ungemein. Meine Seminarteilnehmer bekommen dafür einen Mental-Organizer, ein Handbuch im Taschenformat, der vor Ressourcen überquillt – genau das, was wir in kritischen Zeiten sehr gut brauchen können.

Eine weitere hervorragende Idee, die eigenen Ressourcen sehr gezielt abzurufen, ist der „Ressourcen-Park". Zu jeder gewünschten emotionalen Ressource notieren Sie Schlüsselmomente aus Ihrem Leben, in denen Sie genau diese Emotionen besonders gut gespürt haben. Assoziieren Sie sich intensiv mit diesen Momenten, haben Sie gute Chancen, die Ressourcen wieder zu aktivieren.

Ressourcen-Park

- *Schreiben Sie in die zweite Spalte Ihrer Liste aus der Ressourcen-Park-Liste ideale Momente Ihres Lebens, in denen Sie die Ressourcen aus Spalte eins intensiv erlebt haben.*

- *Notieren Sie in den freien Feldern der Spalte mögliche weitere Ressourcen, die Sie gerne schnell aktivieren können wollen.*
- *Assoziieren Sie sich mit ausgewählten Ereignissen aus Spalte zwei, um zu spüren, ob Sie das Gefühl wieder aktivieren können. „Assoziieren" bedeutet in diesem Fall, sich ganz intensiv wieder an das Ereignis zu erinnern. Stellen Sie sich vor, die ausgewählte Situation wäre jetzt in diesem Augenblick. Sie sehen, hören, fühlen, riechen und schmecken wieder alles wie damals. Sie sind jetzt in der ursprünglichen Situation und sehen die Welt wieder aus Ihren Augen, hören aus Ihren Ohren usw.*

Assoziieren ist einfach, wenn Sie es sich einfach machen. Es ist, wie wenn Sie sich sonst auch ganz spontan wieder an ein Ereignis erinnern und wieder lachen, weinen oder sich glücklich fühlen können.

Ressourcen-Park

Ressource	Ereignis
Kraft	
Zuversicht	
Souveränität	
Sicherheit	
Liebe	
Vertrauen	
Freude	

Ressource	Ereignis
Größe	
Mut	
Disziplin	
Hingabe	

Ressourcen spontan aktivieren zu können ist in manchen Berufen überlebenswichtig. Ärzte, die wegen der Überstunden müde sind, müssen schnell und effektiv entspannen, um schnell wieder hellwach, voll konzentriert und einsatzbereit zu sein. Sportler kommen ohne Mentaltraining kaum aus und in der Wirtschaft steht man zwar nicht unbedingt in der Öffentlichkeit, ist aber genauso belastet wie in den erwähnten Berufen. Vor einer schwierigen Verhandlung oder einer Prüfung entscheiden zu können, in welchem Zustand man hineingeht, kann über das berufliche Schicksal entscheiden – mit Magenschmerzen und Bluthochdruck klappt es einfach nicht so gut.

Nehmen Sie diese Übungen daher bitte nicht auf die leichte Schulter, sondern seien Sie es sich wert, sich auf Erfolg zu programmieren. Ressourcen sind unabdingbar dafür. Denn unsere geistige Leistungsfähigkeit ist von unseren Gefühlen abhängig.

Manchen Zeitgenossen sagen, dass sie unter Druck besonders gut arbeiten können. Dann ist Druck eine positive Ressource für sie und gehört mit auf die Liste. Wird der Druck zu hoch, wird das natürlich nicht mehr funktionieren – zumindest nicht auf Dauer. Ihr Hausarzt wird Ihnen das anhand seiner Burn-out-, Stress- und Angstpatienten bestätigen können.

Auf den Punkt gebracht

Fühlen wir uns nicht gut, sind die Botenstoffe (Neurotransmitter) in unserem Gehirn blockiert und nicht so aktiv wie in gutem Zustand. Sie werden aber für eine hohe geistige Leistungsfähigkeit benötigt. Die mentale Energie sackt ab. Dadurch sind die meistens Menschen gerade in kritischen Situationen nicht in der Lage, ihr Bestes zu geben. Häufig fallen uns dann nicht einmal die einfachsten Dinge ein. Je besser wir lernen, unseren inneren Zustand selbst zu beeinflussen, desto wirkungsvoller wird unser Auftreten. Daher ist das gezielte Abrufen positiver Emotionen, Ressourcen genannt, eine Kernkompetenz des NLP-Profis.

Das eigene Leben lenken

Nicht wenige Erwachsene sind mit dem täglichen Gang in den Betrieb alles andere als glücklich. Macht ein Mensch nicht das, was ihm Freude bereitet, wird die Tätigkeit schnell langweilig und eine Routineaufgabe, die abgearbeitet wird. Allenfalls das Miteinander mit den Kollegen mag interessant sein, die eigentliche Arbeit wird abgelehnt. Erst wenn wir eine Beschäftigung gefunden haben, die wir als sinn- und wertvoll erachten, die uns Freude macht, unseren Fähigkeiten entspricht und ein gesundes Maß an Herausforderung darstellt, freuen wir uns auch auf unsere Arbeit.

Jedes Jahr werden Umfragen veröffentlicht, nach denen jeder Zweite innerlich gekündigt hat oder drei von vier Personen ihre Arbeit als langweilig bezeichnen. Sehr viele würden sofort kündigen, wenn sie einen Sechser im Lotto hätten.

Viele haben nicht gelernt, ihr Leben selbst zu lenken, und sind in Berufe hineingeraten, die sie nur widerwillig ausfüllen. Psychosomatische Erkrankungen entstehen übrigens nicht nur bei Überforderung, sondern auch bei Unterforderung. Der Organismus erlebt das als ähnlich belastend und reagiert mit entsprechenden Symptomen. Auch aus gesundheitlicher Perspektive ist unser Job also ein wichtiger Aspekt des Lebens.

Möchten Sie frisch, fröhlich, frei mit einem Lächeln auf den Lippen durchs Leben gehen, sollten Sie sich entweder sofort mit Ihrer aktuellen beruflichen Situation abfinden und im privaten Bereich einen Ausgleich suchen oder prüfen, was Sie verändern können. Das gilt übrigens nicht nur für den beruflichen Weg.

Sprechen Sie mit Freunden, die ihre Arbeit lieben, werden Sie schnell feststellen, dass diese auch erfüllter und ausgeglichener sind. Ihre gesundheitliche Konstitution ist meist besser und sie erleben auch ihr Privatleben als ausgefüllt. Die ganze Persönlichkeit wächst, weil man sich nicht als getriebenes Schaf fühlt, das von anderen abhängig ist, sondern als selbstbewusste Persönlichkeit, die ihren eigenen Weg geht.

Viele meiner Seminarteilnehmer sind genau auf diesem Weg. Sie erleben ihre aktuelle Situation als unbefriedigend und möchten etwas zum Positiven verändern. Völlig egal, ob beruflich oder privat. Sie wollen ihre Talente aufspüren, ihre Interessen vertiefen und das eigene Potenzial erschließen. Und nach einiger Zeit wird dann immer klarer, wo die persönlichen Interessen liegen, die sie auch mit der nötigen Leidenschaft erfüllen, um aus ihrer Arbeit mehr als einen Beruf zu machen. Also etwas, das sie entfesselt und ihnen den nötigen Auftrieb verschafft. An diesem Punkt können sie sagen: Ich habe meine Berufung gefunden!

Der Erfolg geht weiter

Damit Sie den Erfolg erreichen, den Sie anstreben, habe ich Ihnen schon empfohlen, sich Ihrer Werte und Bedürfnisse bewusst zu werden. So können Sie prüfen, ob Sie die richtige Richtung einschlagen. Da wir stark von außen über Medien, Werbung und gesellschaftliche Vorgaben manipuliert werden, kann ich das nicht genug betonen. Bei all Ihren Überlegungen sollten Sie an erster Stelle stehen.

Leider wird so eine Aussage aber meistens missverstanden. Ich meine damit nicht, dass Sie rücksichtslos und mit Scheuklappen Ihre Interessen vertreten sollen. Egoisten gibt es schon genug. Wir alle wurden wahrscheinlich bereits mit so manch einem dieser Exemplare konfrontiert.

Werden Sie also ein vorbildlicher Egoist: Ein Mensch, der für sich entscheiden kann und andere Personen respektiert, weil er ebenfalls respektiert werden möchte. Unsere Spezies hat äußerst soziale Grundbedürfnisse. Wir kommen ohne andere nicht aus. Wer es schon einmal probiert hat, wird zugeben müssen, dass dieser Vorsatz nicht allzu lange gehalten hat.

Als ob das Zwischenmenschliche nicht schon kompliziert genug wäre, müssen wir uns auch noch in einem riesigen Gewirr an Informationen zurechtfinden und sie ständig nach Brauchbarkeit sortieren. Da wir uns aber mit großer Komplexität schwer tun, überfordert uns das gelegentlich. Wie sollen wir als Individuum Ereignisse in China, Venezuela oder Südafrika noch in unsere Meinungsbildung integrieren? Woher sollen wir beurteilen können, welche Trends von besonderer Bedeutung für unser berufliches und privates Leben sind? Es ist noch nicht allzu lange her, dass die Frau oder der Mann in der Bank eine hochangesehene Person war. Heute müssen Sie aufpassen, wo sie zugeben, dass Sie Banker sind.

Noch dazu vervielfältigt sich das Wissen der Menschheit explosionsartig. Was gestern richtig war, ist heute schon wieder falsch. So wird es auch in Zukunft sein. Obwohl ich sehr für den Klimaschutz bin, würde es mich nicht überraschen, wenn wir eines Tages erfahren, dass man festgestellt hat, dass die Zusammenhänge doch ganz andere sind als bisher angenommen. Ich erinnere mich, wie wir in den Achtzigern fleißig Trinkwasser gespart haben und dann erfuhren, dass die Wasserwerke einen Großteil der Einsparungen selbst in die Kanalisation spülte, da der Unrat sonst nicht abfließen konnte. Auch der Wald müsste schon seit Langem verschwunden sein. Ist er aber glücklicherweise nicht.

Warum sage ich das zu Ihnen? Ganz einfach, unser bester Ratgeber sind wir selbst. Das bedeutet nicht, dass wir alles wissen müssen, sondern, dass wir gut daran tun, in uns hineinzuspüren, zu schauen und zu horchen, was das Beste für uns ist. Soweit ich es beurteilen kann, sind die Leser meiner Bücher keine Egozentriker und sich der Verantwortung für ihr Handeln bewusst. Mit den Methoden, die ich Ihnen in diesem Buch vorgestellt habe, verfügen Sie über die nötigen Kompetenzen, Ihr Leben noch erfolgreicher zu gestalten.

Unsere heutige Zeit bietet so viele Chancen. Mehr als jemals zuvor. Jeder Mensch, der sich dieses Buch kaufen kann, lebt an einem Ort, an dem alle Ressourcen verfügbar sind, um eine gewünschte Veränderung zu erzielen. Die wichtigsten Ressourcen haben Sie sogar immer bei sich. Ihren Kopf, Ihre Hände und Ihren Geist. Gestalten Sie Ihr Leben nach Ihren eigenen Wünschen. Dann können Sie auch andere Menschen inspirieren und dafür begeistern, es Ihnen gleich zu tun. Glückliche und erfolgreiche Menschen sind gerne gesehen. Wer mag es nicht, solche Zeitgenossen als Freunde zu haben?

Während Ihre Augen gerade diese Zeilen lesen, dreht sich die Welt um Sie weiter. Irgendwo wird gerade ein Kind geboren, eine Hochzeit gefeiert und garantiert springt jemand in diesem Moment vor Freude in die Luft. Wann springen Sie das nächste Mal vor Freude in die Luft? Wie wäre es mit jetzt? Stehen Sie auf und springen Sie! Rufen Sie ein „Hurra" aus! Und weil es so schön war, könnten Sie gerade noch einmal springen. Um sich gut zu fühlen, brauchen Sie nicht erst auf irgendein Ereignis zu warten. Falls Sie noch zu schüchtern sind, stellen Sie sich einfach vor, wie Sie springen. Auch wieder jetzt, in diesem Moment. Drücken Sie dann voller Genuss Ihre Nasenspitze. Warum? Damit Sie das gute Gefühl gleich verankern, so, wie im Kapitel „Unsicherheiten und Ängste erfolgreich meistern" beschrieben. Falls Sie mal nicht einfach so springen und „Hurra" rufen können, wäre dann immer noch Ihr Anker auf der Nasenspitze da.

Das Erfolgsgeheimnis des NLP liegt in seiner unnachahmlich pragmatischen Art. Es sind Methoden, die meist sehr leicht und wirkungsvoll umsetzbar sind. Holen Sie durch einen zweiten oder dritten Lesedurchgang das maximale aus diesem Buch für sich heraus. In einer meiner NLP-Ausbildungen können Sie diesen Effekt noch vervielfachen. Mein gesamtes Trainerteam von Alexander-Training und ich freuen uns, Sie vielleicht schon bald persönlich kennenzulernen. Nutzen Sie NLP für sich, um Ihr Leben und damit auch Ihre Erfolge immer mehr selbst zu gestalten.

Klar, im Leben gibt es auch Faktoren, die wir nicht beeinflussen können. Doch in diesem Moment können Sie entscheiden, wie Sie sich fühlen wollen, in welche Richtung Ihr Denken geht und was Sie aus dem Rest des Tages machen. Wofür haben Sie sich entschieden? Denken Sie daran – Erfolg beginnt im Kopf!

Stichwortverzeichnis

Der Autor

Heiko Alexander arbeitet seit über zehn Jahren als erfolgreicher und bekannter Trainer in seinem Ausbildungsinstitut Alexander-Training. Der Schwerpunkt seiner Arbeit liegt in der Unterstützung von Menschen und Organisationen durch angewandtes NLP. Dabei schauen er und sein Trainerteam über den Tellerrand des NLP hinaus.

Alexander-Training ist einer der führenden Anbieter für persönliche Entwicklung und erfolgreiche Kommunikation. Durch seine zahlreichen Veröffentlichungen und Fachvorträge ist Heiko Alexander einem größeren Publikum bekannt.

Erfahren Sie mehr über ihn und sein Institut und abonnieren Sie das kostenlose NLP-e-Training auf seiner Website: www.alexander-training.de.

Impressum:

Verlag C. H. Beck im Internet: www.beck.de
ISBN: 978-3-406-60262-7

Wilhelmstraße 9, 80801 München

Lektorat und DTP: Text+Design Jutta Cram, 86157 Augsburg, www.textplusdesign.de
Umschlaggestaltung: Ralph Zimmermann – Bureau Parapluie
Umschlagbild: iStockphoto.com © coloroftime
Druck und Bindung: Druckhaus „Thomas Müntzer" GmbH, Neustädter Straße 1–4, 99947 Bad Langensalza

Gedruckt auf säurefreiem, alterungsbeständigem Papier (hergestellt aus chlorfrei gebleichtem Zellstoff)